Deepen Your Mind

前言

　　説到跨境電子商務，大家想到的可能是亞馬遜、eBay 等耳熟能詳的平台，但隨著大量賣家湧入跨境電子商務平台，跨境電子商務平台的流量紅利已經消失。現在已經進入了品牌紅利期。此時，一個有前瞻性的跨境電子商務從業者，應當積極發現新的客源通路。如果你的亞馬遜商店經營進入瓶頸期，你就要進一步擴大銷售範圍、獲得可重複聯繫的忠實客戶。如果不想受制於平台，你就可以考慮建獨立站，而如果你沒有強大的技術實力，那麼 Shopify 可能是最佳選擇。但是，如果你是對電子商務一點也不了解的「小白」，那麼我們不建議你用 Shopify 開啟你的電子商務之路。

　　你也許會有疑問，「為什麼有那麼多獨立站平台，我要選擇 Shopify？它有哪些優勢、怎麼營運？它的客戶群眾比亞馬遜等平台更大嗎？」這些就是本書要講的內容。

　　Shopify 是一個電子商務 SaaS 平台，可以幫助電子商務從業者整合式開發並管理其在平台上的所有電子商務業務，集銷售、頁面設計、線上支付、訂單管理、倉儲、物流、客戶資訊管理、廣告行銷、協力廠商工具推廣等功能於一體，簡單好用，電子商務「小白」也可以輕鬆使用。

　　本書以實際操作為主，詳細介紹平台架設、站內最佳化、站外引流等內容，涉及時下最流行的 Google、Facebook 等搜尋引擎和社交媒體推廣等內容。

在本書從策劃到最終出版的過程中，我們真誠地感謝時代芳華的合作夥伴苗女士、莊女士等同事，在你們對我們工作的支持和配合下，我們才能夠騰出時間來完成本書的寫作。

徐鵬飛　王金歌

🔍 繁體中文版說明

本書原作者為中國大陸人士，作者示範之介面為簡體中文介面。為維持全書完整性，本書繁體中文版均維持原作者之操作簡體介面，請讀者在閱讀時比對前後繁體中文。

目錄

01 Shopify 簡介

02 選擇商品與供應商選擇

03 Shopify 建站準備

Contents

04 Shopify 後台功能

05 Shopify 設定

06 網站最佳化

07 常用的應用介紹

08 Facebook 廣告

09 Google Ads 實作

Shopify 簡介

☑ 1.1 Shopify 的發展歷程

　　Shopify 由 Tobias Lütke（托比亞斯·盧克）建立。他最初只是想銷售自己的滑雪裝置。在銷售的過程中，他意識到當時的電子商務平台的展現方式統一，無法自行對後台進行修改，無法為消費者提供個性化的購物體驗。因此，2004 年，他建立了自己的網店 Snowdevil，如圖 1-1 所示，並在不斷完善自身網店的同時，開發出一個基於 SaaS（Software-as-a-Service，軟體即服務）的電子商務服務平台，即一個可以讓賣家自主管理線上商店的平台。

　　2006 年，在加拿大渥太華 Shopify 正式成立，成立之初僅有 5 名員工。經過 3 輪融資，Shopify 於 2015 年上市，隨後快速發展。截至 2021 年 7 月，Shopify 的市值已突破 2000 億美金。目前，全球有超過 170 萬個商家入駐 Shopify。

▲ 圖 1-1 Snowdevil 網店的頁面

⊘ 1.2 Shopify 的特點

Shopify 簡單好用，規則簡單。透過各種範本、外掛程式，賣家可以實現「傻瓜式」快速建站。與其他平台相比，Shopify 有以下優點：

（1）投入成本相對更低。賣家主要繳納月租（低至 29 美金）與使用各種範本的費用，傭金率僅有 0.5% ～ 2%。

（2）限制條款較少，除了不能銷售違禁品和侵犯他人專利，關於怎麼銷售東西、銷售什麼東西，Shopify 有更高的自由度。舉例來說，亞馬遜要求寄給客戶的包裹中除了產品和必要的包裝，不能含有各種促銷資訊和要求對方給好評的資訊。

（3）可以有更大的議價空間。客戶進入賣家的 Shopify 商店後，看到的
所有產品都是賣家自己的產品。賣家可以自主定價，使用合適的產
品加上優秀的文案宣傳，比較容易獲得較大的利潤空間。

（4）可以更充分地利用客戶資料，塑造自己的品牌。平台透過演算法分
配流量，且不會與賣家共用客戶資料，因此賣家無法知道客戶電
子郵件等重要資訊，難以提高產品的重複購買率。雖然 Shopify 商
店在起步階段沒有客戶流量，但透過 SEO（搜尋引擎最佳化）、付
費推廣、「網紅」行銷等各種營運方式可以不斷累積客戶的各項資
訊，這些不斷增加的客戶資訊可以使賣家充分地了解客戶的各項行
為，以便有針對性地改變行銷方式與行銷內容，從而有利於客戶辨
識產品品牌，增強品牌的影響力，提高客戶的忠誠度和重複購買
率。

Shopify 是獨立站的一種，還有其他獨立站也可以幫助賣家建立自
己的網站，如 BigCommerce、Magento 等，但比較獨立站的便利性、
網站的應用程式數量、網站的安全性等方面，目前 Shopify 還是比較值
得推薦的。如圖 1-2 所示，可以看出隨著 Shopify 的不斷發展，搜尋量
不斷增加，領先其他獨立站。

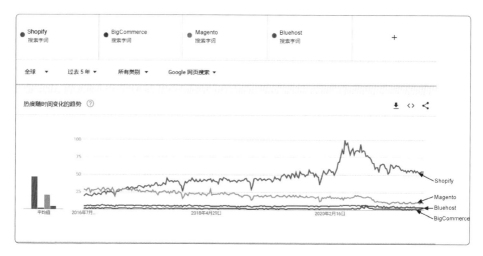

▲ 圖 1-2　各獨立站的 Google 趨勢比較

✅ 1.3 做好 Shopify 的關鍵

1. 產品與供應鏈

　　賣家首先要確定有競爭力的產品，既可以自己生產，也可以訂製並找供應商批量生產，要確保產品能持續供應，要擁有好的產品供應鏈，以防止產品成為「爆款」後缺貨。

2. 宣傳素材

　　好的宣傳素材在行銷中可以造成事半功倍的效果。產品第一次展現在網店訪客眼前的樣式，也就是第一印象，對轉換率非常重要。宣傳素材包括廣告宣傳素材、產品圖片、網站 Banner、詳情描述、視訊素材等。

3. 推廣方案

我們知道，Shopify 的最大缺點是在剛建成商店時，網站內容被搜尋引擎收錄的時間較短，關鍵字排名比較靠後，幾乎沒有訪客會到達商店，因此賣家需要制定推廣方案，採用付費或免費的廣告吸引訪客，可以透過 Facebook 廣告、Google Ads、郵件行銷、視訊行銷等去做推廣。

4. 團隊建設

在 Shopify 建站及推廣過程中會涉及拍攝照片、影像設計、文案編輯、廣告投放、客戶郵件回覆、售後服務等工作。如果你銷售的產品較少，那麼你一個人就可以搞定這些事情。如果你銷售的產品較多，就需要組建團隊，由專業的人員來處理。

5. 目標受眾

在確定了銷售的產品後，你要根據產品的特性鎖定目標市場，也就是要推廣的區域與人群。只有選對區域和人群，才能以更少的費用獲得更多的銷售額。舉例來説，如果你銷售的產品是高爾夫相關產品，就需要在美國、日本、韓國、英國這些高爾夫運動盛行的先進國家進行宣傳與推廣。

6. 使用者體驗

使用者體驗也是非常重要的一點，包括客戶瀏覽你的商店的感官體驗、購買產品的支付體驗、收到貨之後的使用體驗、使用過程中出現問題後的售後服務體驗等。好的使用者體驗會吸引客戶不斷重複購買你的產品，並使他願意向身邊的朋友推薦你的產品。

選擇商品與供應商選擇

如第 1 章所言，在做獨立站時很重要的工作就是確定銷售的產品，即選擇商品。賣家一定要多花時間在挑選產品上。可以說，賣家經營 Shopify 商店能否成功，選擇商品佔一半的原因。賣家需要在 Shopify 允許銷售的產品範圍內綜合考慮適合自己的產品。在選擇好合適的產品後，賣家也需要選擇優質的供應商，逐步打造完整的採購、物流、售後服務鏈條，避免陷入價格戰和大量售後服務的泥潭。

● 2.1 Shopify 可銷售的產品範圍

Shopify 適合大多數產品品類與銷售形式。可以在 Shopify 上銷售的產品有以下幾類。

（1）實物，例如首飾、食品、衣服、手工製品。
（2）數位產品，包括電子書、電子教學、圖片、郵件範本等。

（3）服務或體驗，包括管理諮詢、看牙、理髮、租賃等。

需要注意的是，Shopify 禁止銷售任何假冒偽劣、有危害性或違反當地市場法律法規的產品。具體的平台規則與政策請參見《Shopify 可接受使用政策》，如圖 2-1 所示。

▲ 圖 2-1　Shopify 可接受使用政策

✅ 2.2　自我定位

在選擇商品之前，賣家需要對自身實力有清晰的認知，對即將開設的商店有一個定位。獨立站一般分為 3 種類型：一是綜合站，也可以稱

為雜貨鋪;二是垂直精品站;三是單品站。下面將對這 3 類獨立站的優點、缺點分別介紹。賣家可以根據自身的實力選擇適合自己的類型。

2.2.1 綜合站

對這種類型的獨立站來說,賣家自身沒有貨源,採用 Drop Shipping,也就是一件代發的方式發貨。Drop Shipping 是一個貿易術語,是指賣家不需要囤貨,把客戶的詳細資訊發送給供應商,由供應商直接將貨物發送給客戶的交易方式。這種方式是從平台銷售的價格與供應商收取的費用之間的價格差異中獲利的。如圖 2-2 所示,這個商店銷售衣服、包、配飾。

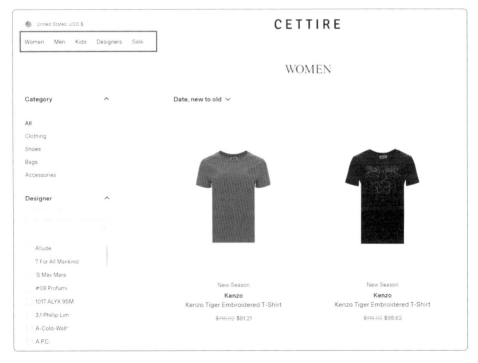

▲ 圖 2-2 綜合站範例 CETTIRE

綜合站的優點是賣家能夠在 Shopify 商店上鋪設大量產品，不用管理庫存，可以極大地降低資金的佔用量，降低壓貨風險。對剛開始做 Shopify 的人來說，這是很好的選擇。因為它允許賣家在沒有任何東西時就可以開始銷售，啟動成本低。一些有資金實力的大賣家也會採用這種形式快速上架產品，投入少量廣告進行產品測試，看一看產品是否有客戶群眾，也就是所說的「測爆款」。一旦發現「爆款」，大賣家就立刻花大量的廣告費進行產品推廣，直到整個市場接近飽和，再繼續測試下一個「爆款」。

綜合站的缺點在於客戶的忠誠度不高，銷售嚴重依賴付費推廣。產品類目較多、較雜，就會沒有獨特性，不能給客戶留下深刻的印象，大部分客戶是一次性客戶。綜合站站內的內容相關性差，不利於 SEO，使得產品銷售嚴重依賴外部引流。

2.2.2 垂直精品站

垂直精品站又可以分為兩類，一類是垂直類商店，另一類是精品類商店。

什麼是垂直類商店呢？比如，一些銷售自行車裝置的賣家網站，銷售的都是自行車相關產品，例如自行車頭盔、變速器、支架、牙盤、自行車服、防盜鎖、鏈條等。產品數量不少，但是產品之間聯繫緊密，如圖 2-3 所示。

▲ 圖 2-3　垂直類商店範例 mike's bikes

　　精品類商店是指只銷售少數幾個產品（一般不超過 10 個），且產品幾乎全部一樣的商店，可以說是垂直類商店的「升級版」，銷售的產品更加專一。如圖 2-4 所示，商店一共有 7 款產品且全部都是高爾夫測距儀。

▲ 圖 2-4　精品類商店範例 Blue Tees GOLF

垂直精品站專注於某一個細分市場，是在某一個品類下進行深耕的，優勢在於會給客戶很強的專注與專業性的印象，能夠提供更加契合某一特定人群的消費產品，滿足某一領域客戶的特定習慣或需求，更容易獲得客戶信任，可以加深客戶對產品的印象並形成群眾內的口碑傳播，從而形成較高的轉換率和重複購買率，進而形成品牌，獲得獨特的品牌價值，這也是小企業不斷做大的必經之路。

從推廣方面來說，垂直類產品相似、互補，推廣所面對的客戶群眾類似，以老帶新做連結行銷相對輕鬆。從 SEO 方面來說，產品描述內容、關鍵字集中在某一個產品及周邊的產品，非常有利於 Google 爬蟲抓取，可以使某些關鍵字有一個好的自然排名，從而帶來一些免費流量。

其缺點在於這類獨立站的經營難度較大，對賣家在選擇商品、商店裝潢、內容建設、推廣引流等方面的能力要求較高，也要求賣家對網站的各項資料有系統的分析能力，能即時根據資料對網站進行調整。與綜合站的產品相比，垂直精品站的產品較少，選擇商品、推廣方式、付款方式等任何一個原因都可能造成不出單的情況，而綜合站可能誤打誤撞，出現「東方不亮西方亮」的情況。

2.2.3 單品站

顧名思義，單品站是指只銷售一個產品的 Shopify 商店。做單品站的風險極大，如果你只銷售一個產品，那麼表示這個產品必須具有極大的優勢，能夠深度解決客戶的痛點，極深地吸引你的客戶群眾，任何一個缺點（如產品材質、供應鏈等）都會造成客戶流失。如果產品沒有一

定的技術含量，就很容易被模仿，當產品成為「爆品」時，極易被後來者「剽竊成果」。

這種商店的優點在於供應鏈極好管理，畢竟只銷售一個產品。它的客戶群眾明確，推廣時方便進行受眾管理。如果產品比市場上的同類產品具有很大的優勢，那麼轉換率會非常高。

這種類型的商店當然是不適合新賣家的。

近年來，協力廠商平台政策多變，有不少賣家從其他平台（如Amazon）轉向獨立站。如果賣家原來經營過協力廠商平台，那麼可以考慮與 Shopify 結合營運，在可能的情況下，對兩者都進行推廣宣傳，把購物選擇權交給客戶。

如果想讓客戶在 Shopify 上下單，在宣傳產品的時候，就可以在 Shopify 上提供更多形式的優惠活動，用優惠換取客戶沉澱和再行銷。

如果想讓客戶透過協力廠商平台成交，就可以把 Shopify 上的價格設定得高一點，用協力廠商平台的高成交率換取更多銷量。

綜合以上幾種類型獨立站的優缺點，新賣家可以選擇合適的產品從綜合站開始，先測出「爆款」，再把商店慢慢地從綜合站轉向垂直精品站。有在其他跨境電子商務平台銷售經驗的賣家，可以考慮把在協力廠商平台上銷售的產品直接搬運到 Shopify 商店裡。

✅ 2.3 選擇商品想法

　　在了解了 Shopify 可銷售的產品範圍並評估自身實力後，你就可以考慮更深層次的選擇商品了。

2.3.1 採擷周邊資源

1. 跟隨自身的愛好

　　有的人認為選擇以自己的愛好為基礎的產品會是一個災難。並非如此，興趣、愛好是最好的老師。你的身邊肯定不乏以自己的興趣愛好為基礎進行的創業，例如開油畫教育訓練班、跆拳道班等。圍繞著你的激情建立一個項目的好處之一是，在困難時期，你會為了你的愛好堅忍不拔，勇往直前。不斷上傳產品、研究銷售資料是枯燥的事情，因此你可以結合喜歡的產品進行選擇商品。如果你自己都不喜歡要銷售的產品，沒有仔細研究的意願，那麼怎麼能有不斷改進的興趣，怎麼能說服客戶購買呢？

2. 利用自己的經驗和特長

　　利用自己的經驗和專業知識會具有很強的競爭優勢。將你的專業知識轉變為銷售的產品或服務是進入市場很好的方式，而對其他人則是門檻。舉例來說，如果你是滑雪運動員，那麼應該知道一些滑雪裝置的優點、缺點，知道客戶應該選擇什麼樣的產品，肯定更能以自己的專業知識說服客戶購買你的產品。

3. 選擇自己有優勢資源的產品

跨境電子商務的競爭最終還是供應鏈的競爭。擁有穩定的貨源，能夠即時、快速地發貨就會佔有巨大的優勢。大部分賣家在剛開始時不生產產品，採用中間商賺差價的方式。因此，在選擇商品時，你可以先思考周邊是否有工廠、是否有能夠提供穩定貨源的朋友，以便可以實地檢查，詳細地了解產品的製造製程、使用範圍、獨特賣點等。只有對所賣的產品足夠熟悉，才能更進一步地銷售產品。如果你距離工廠近，就更容易控制產品的品質和發貨的進度，後期如果想要對現有的產品進行改進，也方便見面溝通，隨時掌控進度。

如圖 2-5 所示，直接搜尋「阿里巴巴產業帶」，可以查詢到自己所在的城市周邊有什麼樣規模的產業帶。

▲ 圖 2-5 阿里巴巴產業帶頁面

2.3.2 把握市場熱點、趨勢

如果你能根據現有的情況提前預測市場發展方向，那麼一定能賺得盆滿缽滿。舉例來說，在「新型冠狀病毒肺炎疫情」剛開始時，就要求個人戴好口罩，居家隔離，而國外並沒有把疫情作為一件重要的事情去看待，但是後來各國受疫情影響，與個人防護（口罩、防護服、護目鏡、空氣淨化器）、美容、健身、辦公（辦公椅、椅墊等）相關的物品都開始暢銷。如果你能根據經歷發現這些商機，提前佈局，就一定會有不錯的銷量。如圖 2-6 所示，「新型冠狀病毒肺炎疫情」在國外暴發後，因居家辦公時間增多，chair cushion（椅墊）的需求量上升，搜尋熱度比前幾年都高。我認識的亞馬遜賣家，選擇的就是這些在疫情期間需求量急劇增加的產品，不到一個月時間日銷售額就達到 3000 美金。

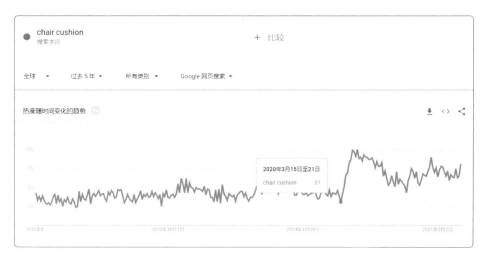

▲ 圖 2-6 Google Trends 上 chair cushion 的搜尋熱度

儘早把握市場趨勢對商店 SEO 排名也會產生重大影響，因為你的商店將有機會成為 Google 和 Bing 等搜尋引擎針對新趨勢搜尋字詞進行索引的首批網站之一。這可以讓你的商店的一些關鍵字有較好的自然排名。

2.3.3 辨識客戶痛點

做過亞馬遜營運的人都知道，創造新產品的方法之一就是從客戶評論中發現客戶不滿意的地方加以改進，也就是說，選擇商品的想法之一就是發現問題，解決客戶的痛點。從解決客戶痛點出發創造出來的產品，自然就已經有需要它的客戶，因此在一定程度上就保證了這些產品必然可以銷售出去。當然，在 Shopify 上也是可以銷售服務的。因此，你的產品不一定是實物，也可以是解決某些問題的方案。

✅ 2.4 選擇商品可參考的平台

2.3 節介紹了一些選擇商品的想法。可能有的人會覺得這些方法不夠具體，自己有很多資源，可選的產品範圍還是太寬泛。那麼，下面再介紹一些平台和方法供你參考。

2.4.1 消費趨勢相關網站

產品要想賣得火爆，必須要跟上產業發展趨勢，如果能提前預判就更好了。通過了解消費者的需求與欲望，了解消費者對各類產品的點

評，你就可以開發新產品。消費者行為研究是構思新產品的基礎，也是檢驗新產品各方面因素能否被消費者接受，和賣家應該在哪些方面進一步完整的重要途徑。以下是幾個趨勢發現網站，對想要了解各類產品或服務發展趨勢的人來說非常有參考價值。不過，如果你是一個小賣家，資金不充足，沒有大的志向，那麼偶爾瀏覽一下這些網站就行，不用過於重視。

1. TrendWatching

該網站成立於 2002 年，提供免費的趨勢資訊及訂製的趨勢分析服務，如圖 2-7 所示。該網站上有一個由 60 多個國家 / 地區的 850 多名專業人士和同好組成的社區，用於發佈他們在本地或在瀏覽網路時發現的創新產品、服務、經驗、活動、商業模式和出版物。

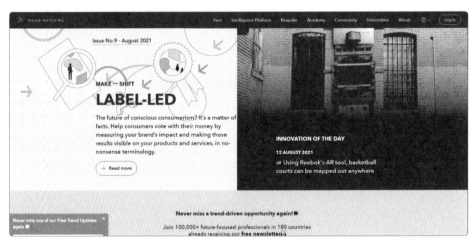

▲ 圖 2-7 TrendWatching 網站

　　該網站提供免費帳戶，但如果你想更深入地了解趨勢發展，那麼可以購買 248 美金 / 月的 Essential 計畫（基本計畫）或 558 美金 / 月的 Pro 計畫（升級計畫），也可以使用訂製服務，如圖 2-8 所示。

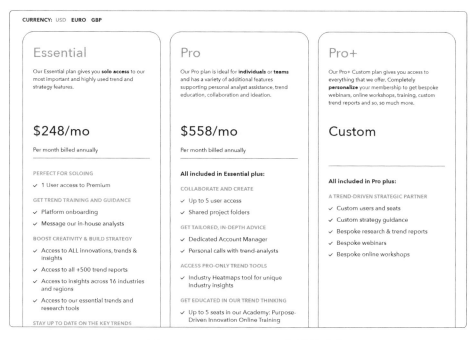

▲ 圖 2-8 TrendWatching 的服務套餐

2. TrendHunter

　　TrendHunter 由 Jeremy Gutsche 於 2005 年推出。Jeremy Gutsche 是一位全球知名的創新者、演說家、屢獲殊榮的作家，希望為新的商業理念和創造力建立一個家園。在發表、編輯關於趨勢預測的文章多年後，TrendHunter 轉向利用巨量資料和人工智慧來辨識消費趨勢，為品牌和企業的創新提供建議與策劃方案。

　　TrendHunter 是介紹世界各國潮流趨勢的綜合時尚資訊網站，也是世界上受歡迎的趨勢社群之一，每天都有新的流行文化、創意和廣泛傳播的新聞。在 TrendHunter 上可以找到科技、時尚、廣告、設計、文化等方面的任何熱門趨勢。TrendHunter 的月瀏覽量為 20,000,000 次，其網站如圖 2-9 所示。舉例來說，TrendHunter 網站的手錶專欄發佈了各種新奇、獨特的手錶設計圖片和相關介紹，既包括了可能在大眾圈子中流行的趨勢，也有大量的小眾化設計，能有效地觸發企業的設計靈感，如圖 2-10 所示。

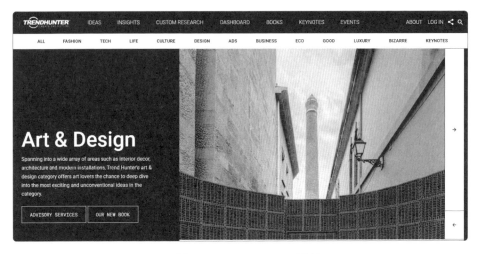

▲ 圖 2-9 TrendHunter 網站

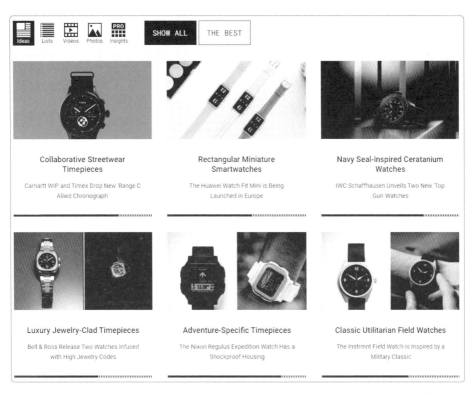

▲ 圖 2-10 TrendHunter 網站的手錶專欄

3. Springwise

該網站成立於 2002 年，在全球擁有超過 8000 名觀察員。這些觀察員在世界各地發現有趣和具有創新性的想法，並提交相關內容給 Springwise 網站。一些專家編輯團隊會審查觀察員提交的創新內容，每週審查數百個潛在的解決方案。這些內容透過審核後便可以在網站上顯示。你可以在 Springwise 網站上按照產業、國家 / 地區、商業模式、技術、主題查詢感興趣的內容，如圖 2-11 所示。

▲ 圖 2-11 Springwise 網站

　　除了上面介紹的 3 個網站，類似的網站還有 COOL HUNTING、Moreinspiration、Cool Business Ideas、The Trend Spotter、TheCoolist 等。這些也是能觸發人的靈感和創意的網站。

2.4.2　產業領導者

　　如果你不知道要銷售哪些產品，但知道想要從事的產業或銷售的市場，那麼可以使用以下方法，即了解所在產業發展較好的公司或產業內知名的人或刊物。你可以造訪它們的官網，關注各種宣傳平台、社交媒體，從而了解它們現有的產品、客戶對它們現有產品的評價、它們的最近動態等內容。這樣或許就可以啟發你產生一些新想法。

2.4.3 社交媒體網站

　　國外的社交媒體網站也是選擇商品可以參考的方向。你可以透過平台上的按讚、收藏、評論等資料看到瀏覽者的反應。不管你是大賣家還是剛進入跨境電子商務產業的新賣家，這些平台都是可以深入學習和了解的，需要特別注意。

1. Facebook、Instagram

　　Facebook 成立於 2004 年，是主流的社交媒體。截至 2020 年 9 月，Facebook 的日活躍使用者為 18.2 億人，比 2019 年同期增長 12%；月活躍使用者為 27.4 億人，比 2019 年同期增長 12%。正是因為它有如此多的使用者，所以很多 Shopify 賣家採用「Shopify＋Facebook 廣告」的形式推廣產品。因此，在 Facebook 上可以看到許多 Shopify 賣家正在推廣的產品。你可以透過查看廣告的按讚、評論、轉發情況了解這個產品在市場上的銷售情況。

▲ 圖 2-12 Facebook 首頁左上角的搜尋框

　　怎麼找到這些廣告呢？如圖 2-12 所示，如果你想銷售衣服，那麼可以在 Facebook 首頁左上角的搜尋框中輸入 "clothes"（衣服）。

　　你可以瀏覽根據關鍵字搜尋出的頁面，頁面中標有「贊助內容」或 "sponsored"（贊助）字樣的發文便是其他賣家在 Facebook 上投放的廣告，如圖 2-13 所示。點擊廣告下方的「去逛逛」按鈕，便會進入該廣告的產品登錄頁，如圖 2-14 所示。點擊 "Add To Cart"（加入購物車）按鈕將此產品加入購物車，並開啟支付頁面，如圖 2-15 所示，然後關閉頁面，不必支付。這樣，Facebook 就會把你作為一個潛在的客戶，向你推薦類似的產品。你就可以經常看到同類產品的廣告了。

▲ 圖 2-13 Facebook 廣告

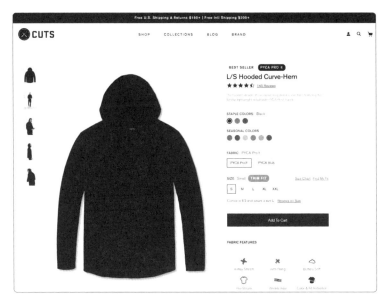

▲ 圖 2-14 產品登錄頁

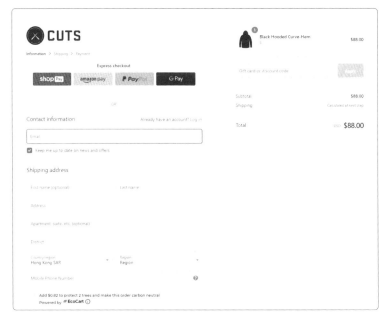

▲ 圖 2-15 支付頁面

　　2012 年 4 月，Facebook 宣佈收購 Instagram。截至 2020 年 10月，Instagram 的月活躍使用者超過 10 億人，是僅次於 Facebook 的社群網站平台。Instagram 是目前海外明星、當紅「網紅」覆蓋度最高的平台，尤其適合美妝和服飾等類目的產品曝光、打造「爆款」、發掘新品、尋找流行趨勢。在 Instagram 上選擇商品的步驟與在 Facebook 上類似，如圖 2-16 所示，有「贊助內容」或「Sponsored」字樣的發文就是廣告帖。同樣，將產品加入購物車並開啟支付頁面，然後關閉頁面。這樣，Instagram 以後就會給你推薦更多類似的產品廣告。你就可以參照你所看到的產品尋找、確定自己要銷售的產品。

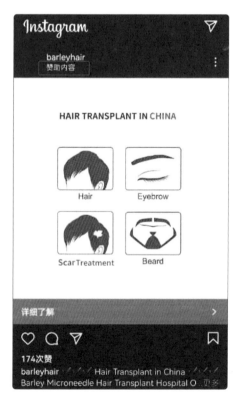

▲ 圖 2-16　Instagram 廣告

2. Pinterest

　　Pinterest 是一個圖片社交網站。使用者可以將感興趣的圖片保存在 Pinterest 上，其他網友可以關注，也可以轉發圖片，如圖 2-17 所示。你只需要在 Pinterest 的搜尋框中輸入關鍵字，就會看到關於此關鍵字最受歡迎的發文。由於這個網站不顯示發文分享的數量，所以只需要看顯示在最前面的圖片。

▲ 圖 2-17　Pinterest 網站

　　在註冊 Pinterest 帳戶時，你一定要註冊企業帳戶，根據資料要求增加你的商店網址。這樣就可以把發佈的內容與自己的商店相連結。客戶就可以通過點擊圖片上顯示的網址進入商店購買。如圖 2-18 所示，Birch Lane 主營家居用品，有 20.6 萬個粉絲，月瀏覽量為 1000 萬次以上。把游標放在任意一張圖片上，都會顯示出一個網址，通過點擊圖片上顯示網址的位置（如圖 2-19 所示），就可以進入它的商店，如圖 2-20 所示。

▲ 圖 2-18 Pinterest 上的 Birch Lane 商店

▲ 圖 2-19 圖片上顯示網址的位置

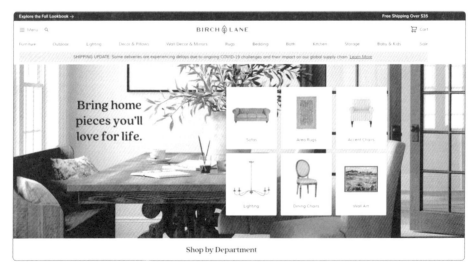

▲ 圖 2-20 Birch Lane 的商店

Pinterest 企業帳戶和個人帳戶的區別如圖 2-21 所示。從兩者所具有的功能中可以看出，在這個網站可以進行付費推廣。如果你有好的產品，那麼也可以考慮在這個網站上進行宣傳推廣。

▲ 圖 2-21 Pinterest 個人帳戶和企業帳戶的區別

2.4.4 線上消費平台

選擇商品想法的另一個來源是線上消費平台。我們熟悉的國外跨境電子商務平台有亞馬遜、eBay。

1. 亞馬遜

亞馬遜是全球排名第一的電子商務平台。在亞馬遜上銷量高的產品在獨立站上也可以賣得不錯。亞馬遜選擇商品主要看以下 3 個專欄：Best Sellers（最暢銷產品）、Hot New Releases（最暢銷的新產品）、Today's Deals（今天的交易）。

點擊亞馬遜 Best Sellers 專欄，你可以根據頁面左邊的分類查看自己感興趣的產品，如圖 2-22 所示。Best Sellers 專欄可以讓你快速了解當前平台上最熱賣的產品。你可以以這些暢銷產品為導向結合自己的資源和偏好，再去驗證競爭度，最終來確認產品是否適合銷售。

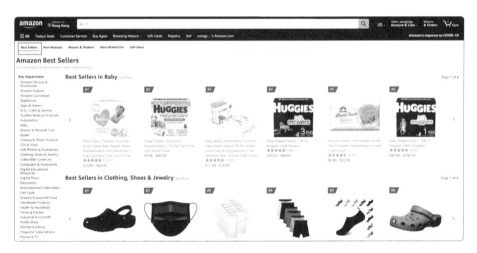

▲ 圖 2-22 亞馬遜 Best Sellers 頁面

Hot New Releases 代表未來的銷售趨勢，展示的是你可以找那些 Review 數量很少但銷量可觀的產品，你可以把它們作為關注物件。亞馬遜 Hot New Releases 頁面如圖 2-23 所示。

在 Best Sellers 首頁上有一個 Today's Deals 專欄。這個專欄相當於

亞馬遜的特價專欄，每天都會有很多產品在做限時折扣活動。活動中的
產品價格一般都很低。如果你銷售產品的價格比這些產品的價格還低，
那麼肯定是有市場的。你可以參考上面的產品價格，設定獨立站的產品
價格。亞馬遜 Today's Deals 頁面如圖 2-24 所示。

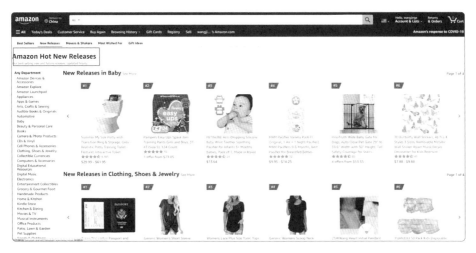

▲ 圖 2-23 亞馬遜 Hot New Releases 頁面

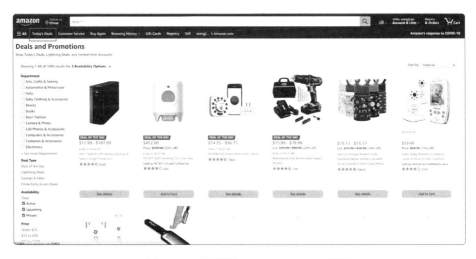

▲ 圖 2-24 亞馬遜 Today's Deals 頁面

2. AliExpress

非常建議新賣家在 AliExpress 上選擇商品。其實，亞馬遜上的很多賣家都是從 AliExpress 上尋找供應商的。AliExpress 上的產品詳情可以透過 Shopify 上的外掛程式直接「搬運」，建議主要在 AliExpress 上尋找合適的產品，如圖 2-25 所示。這樣，如果後續有訂單了，就到 AliExpress 下單，讓 AliExpress 賣家代發貨。

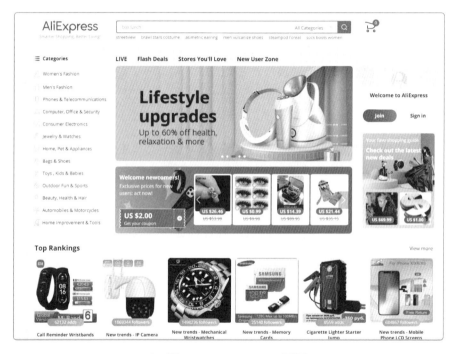

▲ 圖 2-25　AliExpress 頁面

隨便開啟一個產品詳情頁，可以看到頁面中的一些參考元素。在產品標題下可以看到產品銷售情況、客戶評價情況、優惠券資訊、庫存、產品規格等，如圖 2-26 所示。你要特別注意產品評分在 4.8 分以上的產品。從圖 2-27 中，可以看到這個產品可以運往哪些地方，以及運往不

同地方採用不同運輸方式的運費情況，獨立站產品定價時的運費可以參考這個價格。

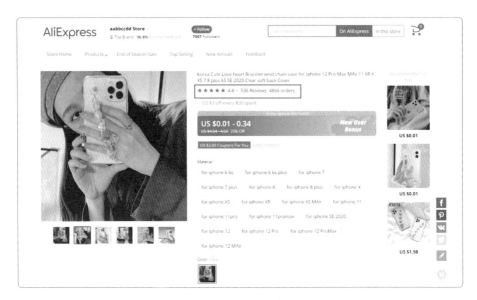

▲ 圖 2-26　產品詳情頁

▲ 圖 2-27　運輸情況

在供應商頁面頂部，把游標指向商店名稱，就會彈出供應商屬性，包括商店開設時間、好評率、發貨速度等，如圖 2-28 所示。產品資訊和供應商屬性對賣家選擇商品非常重要。"Item as Described" 代表供應商的產品與描述的相符程度。"Communication" 代表供應商回應賣家諮詢（如報價、發貨情況等）的速度。"Shipping Speed" 代表供應商的發貨速度。這些分數越高越好，最好高於 4.5 分。點擊 "Business Information"（商業資訊）選項，還可以看到公司名稱、營業執照號等資訊。

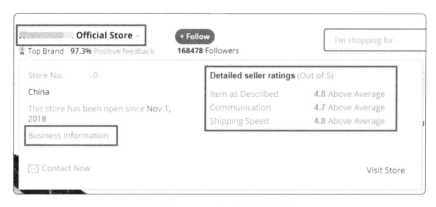

▲ 圖 2-28 商店情況描述

3. Etsy

Etsy 是美國的線上銷售手工藝品的網站，如圖 2-29 所示。該網站聚集了一大批有思想、有創意的手工藝品設計師。該網站的流量也非常驚人，每天有上千萬個訪客。該網站上的產品主要是原創手工藝品，因此往往售價不便宜。有些產品的價格很貴但是銷量很好，在 AliExpress 上的一些網店也能找得到這些產品。如果打算走精品高利潤產品路線，那麼 Etsy 是一個不容錯過可以參考的網站。

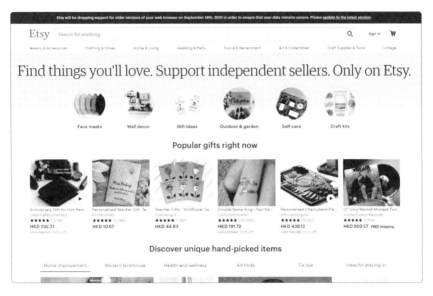

▲ 圖 2-29 Etsy 網站

2.4.5 討論區

Reddit 討論區是最大的社交媒體新聞聚合器，是非常有影響力的。Reddit 有數以千計的 "subreddits"（討論區），它們適合不同的主題和興趣領域。在這些討論區中，你可以找到很多關於產品的想法。進入網站，在頂部搜尋框中輸入感興趣的產品，就可以找到所有關於這個產品的發文。圖 2-30 所示為搜尋 "shoes"（鞋）出現的頁面。你可以在鞋討論區中了解當下大家討論的關於鞋的內容。

Quora 是一個國外流行的問答 SNS（Social Networking Services，社群網站服務）網站。大量專業人士、明星等在 Quora 上貢獻優秀答案，大眾參與率很高。Quora 上的高品質答案在搜尋引擎中的排名非常高。如果你能夠經常瀏覽 Quora，那麼往往也能夠找到受到廣泛歡迎的產品。

▲ 圖 2-30 搜尋 "shoes" 出現的頁面

2.4.6 選擇商品工具

目前，市面上的選擇商品工具有很多，如 Jungle Scout、AMZScout、數魔等。選擇商品工具一般具有類目資料監控、產品資料監控、競品監控、巨量資料選擇商品、ASIN 反查、關鍵字分析、智慧索評、關鍵字監控等功能，一般是需要付費的，價格為 300 ～ 10,000 元 / 年。

除了這些，Shopify 上的一些工具也可以為選擇商品帶來一些想法。推薦使用 Oberlo 和 Niche Scraper。

1. Oberlo

進入 Oberlo 後台，點擊左側的 "Find products"（發現產品）選項，如圖 2-31 所示，可以看到展示出來的產品，可以根據頁面上方列出來的分類進行詳細查詢。

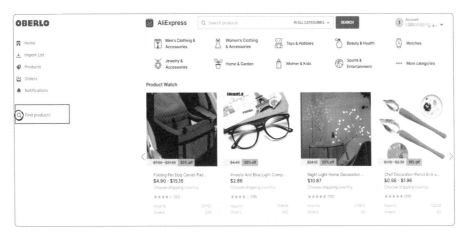

▲ 圖 2-31　Oberlo 後台

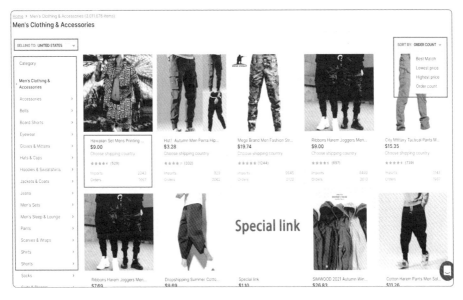

▲ 圖 2-32　Oberlo 後台的產品分類頁面

　　如圖 2-32 所示，可以在 "SELLING TO: UNITED STATES" 下拉式
功能表中選擇要銷往的國家，在下面的方框區域查看細分類目的產品。

產品下方顯示的五角星表示這個產品在 AliExpress 上的評價總數和評
分。"Imports" 代表有多少商店透過 Oberlo 匯入了這個產品，也就是説
這個產品被多少 Shopify 賣家銷售。"Orders" 代表這個產品透過 Oberlo
出了多少單，這對於你選擇一些熱門產品非常方便。點擊 "SORT BY:
ORDER COUNT" 下拉式功能表，可以根據價格、訂單數等對頁面顯示
的產品排序。

2. Niche Scraper

　　Niche Scraper 提供的資訊比 Oberlo 更全面一些。可以根據產品類
目、價格區間、關鍵字等選擇產品並查看資料，可以看到產品在 7 天內
的訂單、售價、每天銷售情況、競爭程度分析等，如圖 2-33 所示。

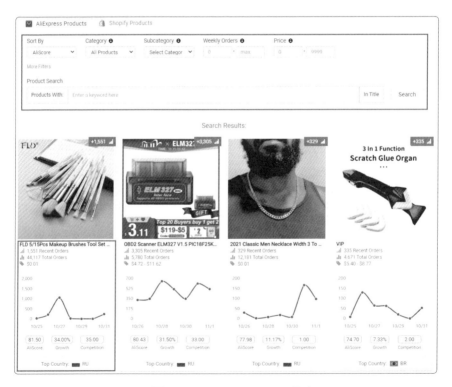

▲ 圖 2-33 Niche Scraper 後台

在 "Hand Picked"（手工編輯）一欄中，平台會定期選一些產品提供更詳細資訊，包括已經有多少 Shopify 商店在銷售它，產品的零售價、成本價、利潤，每成交一單的推廣費用區間，該產品的視訊，在 Facebook 上推廣的文案，客戶定位，如圖 2-34 所示。如果你要銷售某類產品，那麼可以在這上面查詢同一類目產品的具體資訊作為參考。

▲ 圖 2-34 Niche Scraper 詳細的產品分析頁面

以上為對選擇商品工具的一些整理。總之，你要重視選擇商品這個環節，前期要開啟視野，多去看一些產品。

建議重點考慮以下幾個類目：

（1）配件相關的產品。舉例來說，銷售電子配件、女裝配件、服飾配件等。雖然這類產品的價格一般較低，但是客戶的價格敏感度低、購買決策時間短。我有一個朋友專門銷售錶的配件——錶帶，每年的銷量很可觀。

（2）「發燒友」相關的產品。這類產品的客戶特定（舉例來說，滑雪、騎車、登山、高爾夫等運動的同好）、市場穩定，容易形成品牌效應。

（3）消耗品。消耗品有持續需求、購買頻率高、行銷成本低，利於開發客戶，讓其再次購買。

✅ 2.5 驗證

即使你已經確定了類目，選好了自己認為還不錯的產品，也不要急著開始，建議你根據以下幾個問題重新驗證一下自己的產品，看一看產品是否具有成為持久「爆款」的潛力。如果你的產品沒有問題，你就可以儘快行動了。

1. 產品潛在的市場規模有多大

產品一定要有一定的市場需求量，是某類人群的必需產品，否則產品再好，每年也不會有多少銷售額。

市場規模怎麼確定？一是根據已有的經驗猜測；二是用一些工具來估計。

Google 趨勢（Google Trends）是一個很好的工具。輸入關鍵字，可以查看全球或某個國家的搜尋熱度，可以查看過去 5 年搜尋熱度曲線變化等資料，如圖 2-35 所示。如果搜尋熱度低於 50，這個產品就不用考慮了。

▲ 圖 2-35 搜尋 "hat" 出現的 Google Trends 頁面

還可以查看含有這個關鍵字的相關主題其搜尋量的熱度情況，搜尋熱度較高的關鍵字可以根據情況作為產品的關鍵字或具體的選擇商品方向，如圖 2-36 所示，「漁夫帽」就可以作為一個選擇商品方向。

產品在各個平台（舉例來說，亞馬遜、AliExpress）上的銷量也是可以參考的資料。各種選擇商品工具也可以告訴你一定時期內產品的銷量。

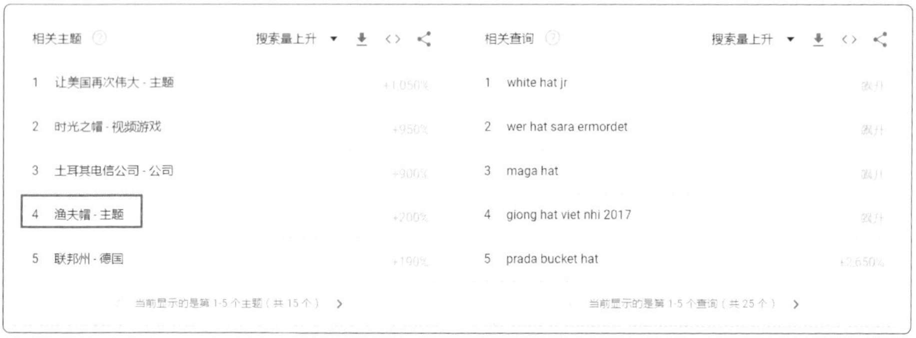

▲ 圖 2-36　搜尋 "hat" 出現的相關主題和相關查詢頁面

2. 競爭程度如何

產品的競爭程度要適中，你要避開紅海類目。如果你選擇的產品只有少數人在銷售，且銷量還不錯，那麼證明這個產品是有市場的。如果市場上有很多競爭對手，那麼這也是市場已被驗證的跡象，但是你可能需要確定如何將你的品牌和產品與競爭對手的區分開，找尋屬於自己的定位，以盡可能少的推廣費用找到更精準的客戶。

Google 的關鍵字工具可以告訴你所選的關鍵字的近似搜尋量，並告訴你它們的競爭力。關鍵字的競爭力越強，排在表頭需要花費的錢就越多，如圖 2-37 所示[1]。

1　關鍵字和關鍵詞是一個意思，不同的平臺叫法不同。本書根據平臺的頁面僅做局部統一。

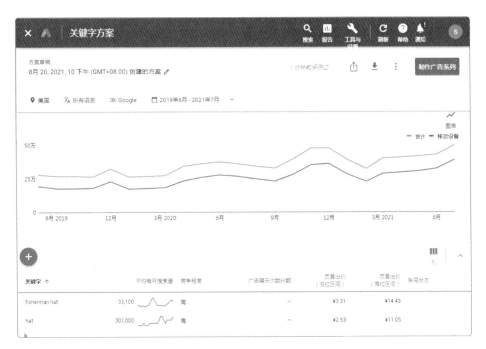

▲ 圖 2-37　關鍵字方案頁面

　　你也可以透過亞馬遜和 WinningDSer、Oberlo 相互驗證。如果在亞馬遜和這兩個工具上，某個產品的銷量都很大，且你的價格沒有優勢，你也沒有新的創意，就不要嘗試了。因為先進入者已經將自己的品牌做大做強，基本處於產業領先的地位，如果你銷售這種產品進行競爭，那麼想要達到一個好的效果會非常費勁。想像一下，你的新產品的評論數還只是個位數，而你的競爭對手的評論數已經為 3000 多了，這樣的差距不是短時間內可以解決的，你宣傳得再好，客戶也可能會買評論數多的產品，就像你在淘寶上買東西一樣，對於同樣價格的產品，很大機率會選擇在銷量多的商家處購買。這就會導致你的產品的轉換率較低，轉化成本居高不下，銷量覆蓋不了成本。因此，「小白」賣家在選擇商品時要儘量避開大賣家的鋒芒，找藍海小類目。

3. 這個產品是不是一時出現的熱點，市場是穩定的還是不斷增長的

銷售的產品跟著某一時段出現的熱點走既是機遇也可能是危險的。如果這個產品是突然火起來的產品，你想要跟風銷售，那麼可以採用一件代發形式。如果想要囤貨大力推廣銷售，就要注意庫存，避免因為熱度消退而滯銷。

跟隨市場趨勢是有利可賺的，舉例來說，「新型冠狀病毒肺炎疫情」帶來的個人防護用品的火爆。

如果產品面對的市場穩定，那麼不論出現什麼情況都會有固定需求的客戶。銷售這類產品就比較安全，你可以小批囤貨試驗市場，即使貨囤多了，最終也可以銷售完。

4. 目標客戶是誰

Facebook 廣告和 Google 展示類廣告都是根據客戶群眾特徵來推廣的。你不需要非常準確的客戶角色，但應該了解產品面對的客戶類型、客戶是否有購買產品的能力、是否願意線上購買等。如果你的產品比較高級，價格比較貴，那麼在非洲那些未開發國家推廣，購買者是會比較少的。舉例來說，如果銷售假髮，那麼可以在非洲和歐美國家重點推廣；如果銷售高爾夫相關產品，那麼建議在這項運動流行的國家推廣。

5. 銷售價格怎麼樣、利潤有多少

在選擇商品時一定要認真計算產品利潤，否則會陷入低價沒錢賺，高價賣不出去的窘境。如果你的產品售價太便宜，就表示你要售出大量的產品才能獲取不錯的利潤。同時，隨著銷售量的增加，客戶服務需求也會增加，你可能會陷入「非常繁忙卻賺錢太少」的境地。另外，銷售太貴的產品表示客戶會非常慎重地對產品進行選擇，你會面臨更加挑剔

的客戶，產品的銷量也會受到影響。建議產品價格位於 15 ～ 75 美金，價格低於 15 美金的產品大機率沒有利潤，銷售高於 75 美金的產品要看個人的資金承受能力。

至於產品的利潤率，不能太低，最好在 30% ～ 50%，因為當開始線上銷售時，你很快就會發現有很多不在你計畫內的各種小費用產生，需要有一個高利潤率為緩衝，覆蓋產生的小費用。毛利率低於 20% 的產品不建議銷售，因為後期你會發現 20% 的毛利率不足以支撐營運成本。你可能會說，薄利多銷也是可行的，但是成本低、銷量大、利潤高且風險低的產品很難找，一般的低價產品扣除營運費用後利潤就太低了。

6. 產品尺寸和重量是多少

產品尺寸和重量可能會對你的銷售產生重大影響，除非有優秀的物流和供應商資源。對新賣家來說，最好選擇體積小、重量輕、不易在運輸過程中損壞的產品，這種產品的運輸成本相對較低。很多客戶期望免費送貨，如果產品太重，那麼運費加到產品價格裡會導致價格過高，對還沒有探索出更好的物流方式的「小白」賣家來說，銷量會受到高運費的衝擊。

7. 產品是易碎、易腐爛、季節性的嗎

易碎產品的包裝、運輸需要特別注意，會增加包裝成本。如果出現「暴力」投遞的情況，那麼客戶收到的很可能是已經損壞的產品，容易造成退貨。易腐爛產品需要快速運輸，運費比較貴。

一個理想的產品要能夠在一年裡都有相對穩定的銷量。銷售高度季節性產品有一定的風險，如果你選擇銷售高度季節性產品，就要慎重考慮庫存，避免過季造成的滯銷和倉儲問題。因此新賣家要儘量選擇無季節、無節日特徵、全年可售的產品，把選擇商品失誤的風險降到最低。

如果你無法判斷某些產品是否屬於季節性產品，那麼可以開啟 Google Trend（Google 趨勢），輸入產品的主關鍵字，查看該產品的年度搜尋曲線。如果產品的搜尋曲線存在較大的波動，就說明該產品的銷售有明顯的淡季和旺季，該產品屬於季節性產品。

8. 產品能解決什麼痛點或有什麼獨特的優點嗎

能解決問題的產品是有優勢的。因為肯定有一些客戶正在煩惱他所遇到的事情，積極尋求解決方案，這樣你就不必大力推銷你的產品才能找到他們，他們會主動找到你。舉例來說，紋身貼紙可以使人不用忍受紋身的痛苦而達到紋身的效果。

9. 是否有任何限制或規定

在推出產品之前，你需要確保產品沒有侵權（品牌、包裝都不能侵權）。查詢是否侵權的相關網站主要有兩個：①美國專利商標局官網，點擊 "patent" 選項進行查詢。② Google 專利網，在該網站中輸入產品的主關鍵字進行檢索，如果搜尋到了專利結果，那麼這款產品就不適合你銷售，因為一旦被客訴，就可能會被封店，甚至你極有可能面臨一定數額的賠償金。

● 2.6 優質供應鏈打造

在選好產品後，你就需要獲取產品，不是自己生產，就是銷售廠商現成的產品。為了保證產品能穩定銷售，你需要尋找合適的供應商，不斷完善自身的供應鏈。

為了找到合適的供應商，你需要著重觀察以下 4 個方面：產品價格、產品品質、發貨速度、合作意向。產品價格肯定需要產業最低或接近產業最低，但你不能只關注產品價格，畢竟一分錢一分貨，過度追求低價而忽略產品品質也不能賣得長久。你需要先自行採購一些廠商的產品，實際感受一下，不僅要感受產品的質感，還要查看包裝情況、發貨速度，畢竟發貨及時性對於做跨境電子商務是很重要的。你要選擇有生產實力的供應商，不論是採購一件產品還是採購大量產品，都要保證產品可以及時發貨。回應即時且可以幫助處理售後問題、進行產品改進的供應商肯定是首選的。好的供應商應該不僅能夠提供現有的樣品，還能夠提供訂製服務，這樣可以方便你後期打造自己的品牌。

總之，你選定的供應商一定是產品品質好、價格低、發貨效率高，並且願意與你配合的供應商。

當踏出第一步時，你就已經成功了一半。

線上尋找產品不是一件容易的事情。成千上萬種產品在網上銷售，縮小範圍並選擇一種或幾種產品不是一個小工程。不要試圖尋找絕對完美的產品，沒有完美的產品，只有不好、好、非常好的產品。除了不好的產品，好的和非常好的產品可以是你的完美的產品。最重要的是，你要踏出第一步，保持前進，不斷尋找、創造優質產品，不斷最佳化市場行銷策略、提供優質的客戶服務，在不斷選擇商品、驗證、實踐中累積經驗。

Shopify 建站準備

為了儘快在 Shopify 上建成商店，在積極選擇商品的同時，你需要提前做一些規劃，準備資料，註冊帳戶。

3.1 一般資料準備

3.1.1 雙幣信用卡和 PayPal

Shopify 透過支援美金扣款的信用卡和 PayPal 來收取使用費用，如圖 3-1 所示，而 PayPal 付款需要綁定簽帳金融卡或信用卡。因此，綜合以上情況，最好申請一個支援美金扣款的信用卡，並且務必在 Shopify 帳戶的試用期結束前完成信用卡綁定。請注意，在綁定信用卡時需要使用本地 IP 位址登入。因為如果信用卡簽發地、IP 位址不一樣，就很可能被 Shopify 判定為詐騙支付，導致帳戶被查封。另外，要維護好信用

卡的信用記錄，如果綁定的信用卡在後期的信用記錄很差，那麼也有被
「連坐」的可能性。

▲ 圖 3-1 Shopify 計畫支付頁面

3.1.2 辦理營業執照

你可以註冊 PayPal 個人帳戶和企業帳戶，如圖 3-2 所示。個人帳
戶適用於希望線上收款和購物的兼職賣家或非商家使用者。企業帳戶適
用於以公司 / 團體名義營運的商家。此類帳戶提供了附加功能，如允許

向最多 200 名員工授予帳戶的有限存取權限，以及允許使用客服電子郵件地址別名來轉發客戶問題，從而使其更快得到處理。Shopify 不支援 PayPal 個人帳戶收款，因此你需要註冊企業帳戶，而且註冊企業帳戶可以更進一步地贏得買家的信任。註冊企業帳戶需要辦理營業執照，你可以使用公司營業執照或個體工商戶執照，推薦使用公司營業執照。

此外，在開通 Facebook 廣告帳戶、Google Ads 帳戶提交資料時也會要求你上傳營業執照。

▲ 圖 3-2　PayPal 註冊頁面

3.1.3　註冊電子郵件

註冊電子郵件最好是 Gmail 電子郵件或企業電子郵件。

國外客戶相互溝通主要使用電子郵件。Shopify 商店的註冊和後台的一些功能需要用到電子郵件。

為什麼註冊電子郵件最好是 Gmail 電子郵件或企業電子郵件呢？根據我以往的經驗，首先，使用 163、QQ 電子郵件等容易被 Shopify 查封，其次透過這類電子郵件發送的郵件很容易被判定為垃圾郵件。

Gmail 電子郵件是國外最常用的電子郵件，而且如果你以後需要開通 Google Ads 帳戶，就需要有一個 Gmail 電子郵件。

使用以域名結尾的電子郵件，即企業電子郵件有以下幾個好處：一是有利於樹立商店或公司的品牌形象；二是透過電子郵件的尾綴就能知道企業網站的網址，可以增加商店的曝光度；三是方便企業對員工電子郵件統一管理。你可以申請企業電子郵件免費版。某公司免費企業電子郵件如圖 3-3 所示。

▲ 圖 3-3 網易免費企業電子郵件

⊘ 3.2 購買域名

3.2.1 購買域名的注意事項

在使用 Shopify 建站時，Shopify 會免費贈送一個二級域名，形式為：＊＊＊（商店名稱）.myshopify.com。雖然可以使用這個免費的二級域名，但是不建議這樣做。從長遠來考慮，二級域名不利於 SEO 推廣，也不利於品牌形象建設。建議購買形如 ＊＊＊＊.com 的一級域名。尾部是 ".com" 的域名是首選的，其次可以考慮尾部是 ".co" 的域名。如果你只想在特定的國家銷售產品，那麼可以選擇以這個國家的域名縮寫為結尾的域名，見表 3-1。舉例來說，在巴西銷售，可以考慮尾部是 ".br" 的域名。

表 3-1 部分國家或地區的域名縮寫

國家或地區	英文名	域名縮寫
阿根廷	Argentina	ar
奧地利	Austria	at
澳洲	Australia	au
巴西	Brazil	br
加拿大	Canada	ca
台灣	Taiwan	tw
哥倫比亞	Colombia	co
哥斯大黎加	Costa Rica	cr
智利	Chile	cl
古巴	Cuba	cu
賽普勒斯	Cyprus	cy

國家或地區	英文名	域名縮寫
捷克	Czech Republic	cz
德國	Germany	de
西班牙	Spain	es
英國	United Kingdom	uk
韓國	Korea	kr
墨西哥	Mexico	mx
俄羅斯	Russia	ru
美國	United States of America	us

域名的選擇要儘量做到簡單好記、與品牌有連結,且要避免侵權。也要儘量避免在域名裡增加數字、"-" 或 "_"。對客戶來説,這不好記,易拼錯,輸入麻煩。品牌名稱要有創意,要與銷售的產品相關,且不宜過長,最好不超過 3 個單字。為了避免侵權,在註冊域名之前最好查一下你的品牌名稱是否已經在目標市場註冊了,或是否與某一個已經存在的品牌相似。你可以透過美國專利商標局官網查詢。另外,你也要注意查看註冊的域名是不是被其他人棄用的域名。如果之前這個域名被使用過且有大量不好的記錄,後續再啟用,就會影響網站自然最佳化的排名。可以在 Google 中搜尋一下域名,看看有沒有相關的頁面,或在 Domain History、Archive 等可以查看域名歷史資訊的工具中查詢一下。

3.2.2 域名購買通路

域名可以透過 Shopify 直接購買,也可以透過阿里雲、GoDaddy 等域名供應商購買,如圖 3-4 所示。

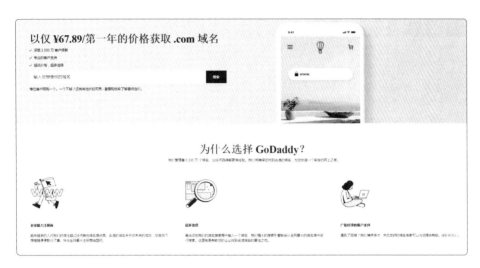

▲ 圖 3-4　GoDaddy 網站

　　透過 Shopify 購買的域名價格會比其他通路稍貴，因為 Shopify 本身不是域名供應商，它相當於中間商，從其他域名供應商那裡購買後再賣給你。除了這一點，還會有如果 Shopify 商店被封，綁定的域名也不能再使用的風險。當然，從 Shopify 直接購買域名也有一個好處就是，在域名購買成功後，Shopify 系統會自動對域名進行解析，將其綁定到 Shopify 獨立站上，不用再進行任何操作。

　　綜合以上情況，建議直接從域名供應商那裡購買，因為價格更低且能避免商店被封後域名不能用於其他方面。在購買域名的過程中，會有很多附加功能可選，例如域名隱私資訊保護、SSL 協定等。這些都不用選，直接購買一個裸域名就可以了。

　　關於購買的域名如何綁定，將在 4.2.5 節中進行解答。

✅ **3.3 Facebook 帳戶註冊**

註冊 Facebook 需要使用穩定的 IP 位址。

首先，在 Google 中搜尋 Facebook，進入 Facebook 官網，在首頁進行註冊，填寫相關資訊，包括姓名、電子郵件（推薦使用 Gmail、Hotmail 電子郵件）、密碼、生日、性別等。在確認資訊無誤後點擊 "Sign Up"（註冊）按鈕，如圖 3-5 所示。

▲ 圖 3-5 Facebook 註冊頁面

其次，輸入電子郵件或手機收到的驗證碼，根據頁面提示逐步操作，出現如圖 3-6 所示的頁面，即完成註冊。

▲ 圖 3-6 Facebook 後台首頁

在註冊完帳戶後，點擊後台首頁右上角的圖示，如圖 3-7 所示，查看個人首頁，根據要求完善個人資訊，包括個人簡介（工作地、學歷、聯繫方式、基本資訊等）、圖示、封面照片。填寫的資訊務必是真實的，不要著急發佈推銷產品的資訊，要多發佈一些正常的日常生活內容，要經常登入帳戶，累積線上時長。這些都有利於減小使用 Facebook 時被封號的風險。如何設定個人首頁將在 8.2 節說明。

▲ 圖 3-7 查看個人首頁

● 3.4 Shopify 註冊

3.4.1 註冊流程

萬事俱備，就可以開始註冊 Shopify 帳戶了。

第一步，使用本地 IP 位址開啟 Shopify 官網，點擊首頁右上角的 "Start free trial"（開始免費試用）按鈕，如圖 3-8 所示。

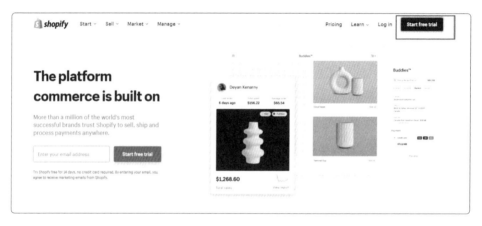

▲ 圖 3-8　Shopify 首頁

第二步，在開啟的頁面中（如圖 3-9 所示），按照提示輸入已經註冊過的 Gmail 電子郵件或企業電子郵件，設定密碼，輸入商店名稱。此處的商店名稱可以隨意填寫，只要不與已經註冊過的商店名稱重複即可。

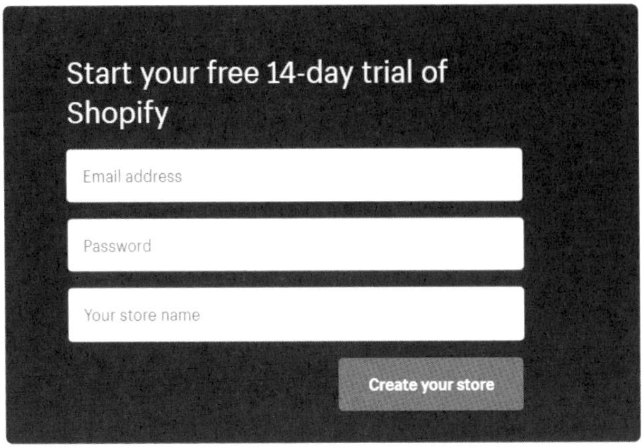

▲ 圖 3-9 Shopify 註冊首頁

　　第三步，點擊 "Create your store"（建立你的商店）按鈕開啟更詳細的內容填寫頁面，如圖 3-10 所示。這個頁面的內容不重要，如實填寫即可。在填寫完資訊後，點擊 "Enter my store"（進入我的商店）按鈕，開啟 Shopify 後台首頁，如圖 3-11 所示。

▲ 圖 3-10 Shopify 註冊詳情頁（1）

Step 2 of 2

Add an address so you can get paid

This will be used as your default business address.
You can always change this later.

First name   Last name

Full address

Apartment, suite, etc.

City

Country/region   Province   Postal code

China   Province

Phone   Business or personal website (optional)
                        example.com

☐ This store is a registered business

‹ Back   **Enter my store**

▲ 圖 3-10 Shopify 註冊詳情頁（2）

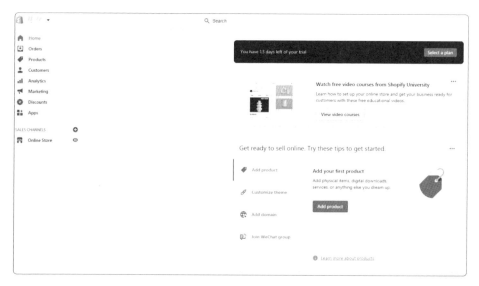

▲ 圖 3-11 Shopify 後台首頁

最後一步，驗證電子郵件。登入你的註冊電子郵件，你會發現兩封 Shopify 官方發送的郵件，其中一封是以「say hello to + 商店名稱」為標題的郵件，內容是註冊的 Shopify 商店的網址和登入連結，如圖 3-12 所示。

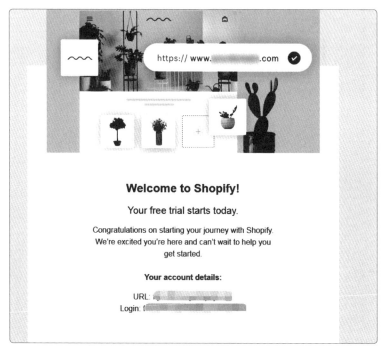

▲ 圖 3-12 以「say hello to + 商店名稱」為標題的郵件內容

另一封是以 "Confirm your email address" 為標題的郵件。開啟郵件，點擊 "Confirm email"（確認郵件）按鈕（如圖 3-13 所示），會出現如圖 3-14 所示的頁面，便完成了電子郵件驗證。

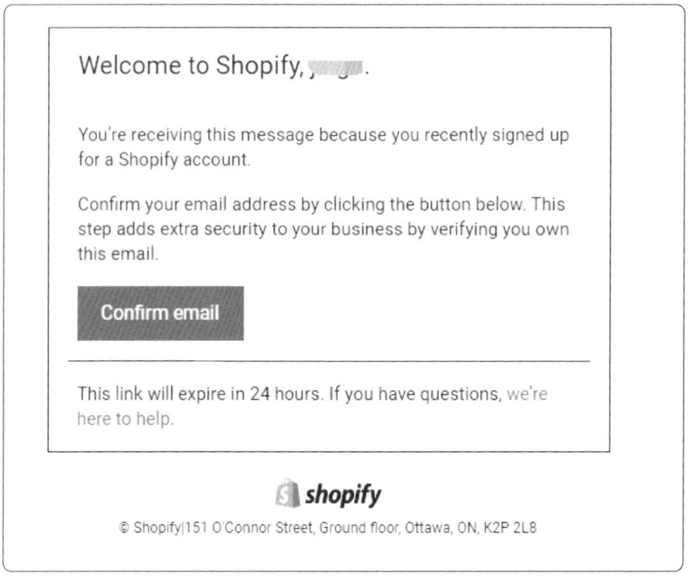

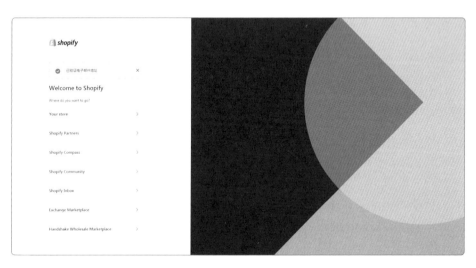

▲ 圖 3-13 電子郵件驗證頁面

▲ 圖 3-14 電子郵件驗證成功頁面

3.4.2 Shopify 套餐說明

　　商店註冊成功後有 14 天的免費試用時間。14 天後，賣家需要根據自身需求確定付費套餐，支付費用。在商店後台，點擊左下角的 "Settings"（設定）選項，在 "Plan"（計畫）這個位置可以查看當前商店處於什麼狀態，如圖 3-15 所示，在剛註冊時是處於 "Trial"（試驗）狀態的。點擊 "Plan" 選項，在開啟的頁面中可以看到套餐情況，如圖 3-16 所示。選定一個套餐，點擊 "Choose plan"（選擇計畫）按鈕便可以透過 PayPal 或信用卡支付套餐費用，可以按月支付，也可以按年支付，如圖 3-17 所示。在選擇使用信用卡付款時，務必使用本地 IP 位址。使用的信用卡發卡行所在地和你的 IP 所在地不能差距過大，也不能使用他人的信用卡付款（與營業執照上法人、註冊時登記的姓名不同），否則有可能被 Shopify 認為存在詐騙支付，會被 Shopify 拒絕，甚至封店。

▲ 圖 3-15 Settings 頁面

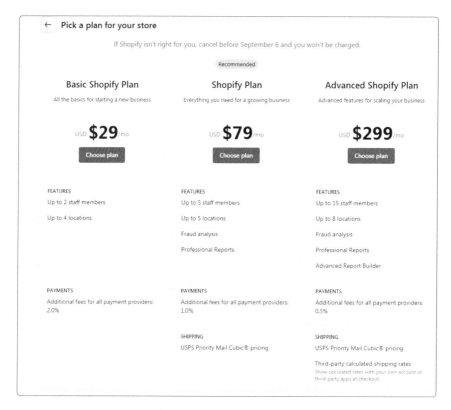

▲ 圖 3-16 Choose plan 頁面

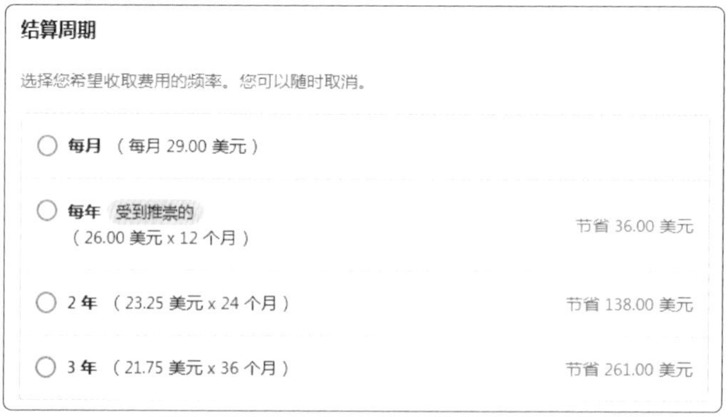

▲ 圖 3-17 套餐支付頁面

也可以在 Shopify 官網上查看更詳細的套餐介紹內容，如圖 3-18 所示。除了 Basic Shopify Plan（29 美金 / 月）、Shopify Plan（79 美金 / 月）、Advanced Shopify Plan（299 美金 / 月）這 3 個套餐，還有更基礎的 Shopify Lite（9 美金 / 月）、更進階的 Shopify Plus（需要訂製，至少 2000 美金 / 月）。

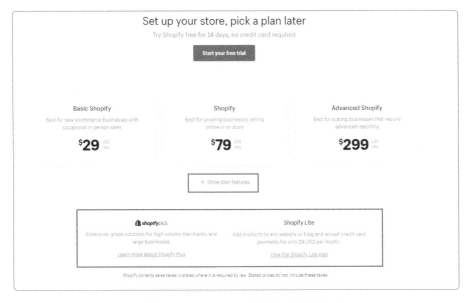

▲ 圖 3-18 Shopify 官網套餐介紹頁面

Shopify Lite 套餐可以透過在現有網站、部落格、Facebook 頁面等網頁上增加購買按鈕使買家可以用信用卡付款。該套餐具有可以查看報告、發行禮品卡和拆分帳單等功能，但不能建立線上商店。

點擊 "Show plan features"（展示計畫特徵）按鈕可以看到 Basic Shopify Plan、Shopify Plan、Advanced Shopify Plan 這 3 個套餐的區別，如圖 3-19 所示。可以看到 3 個套餐的主要區別在員工帳戶、庫存位置、報告、協力廠商計算的運費、付款費率等方面。

	Basic Shopify $29 USD /mo	Shopify $79 USD /mo	Advanced Shopify $299 USD /mo
FEATURES			
Online Store Includes ecommerce website and blog	✓	✓	✓
Unlimited products	✓	✓	✓
Staff accounts Staff members with access to the Shopify admin and Shopify POS.	2	5	15
24/7 support	✓	✓	✓
Sales channels Sell on online marketplaces and social media. Channel availability varies by country.	✓	✓	✓
Inventory locations Assign inventory to retail stores, warehouses, pop-ups, or wherever you store products.	up to 4	up to 5	up to 8
Manual order creation	✓	✓	✓
Discount codes	✓	✓	✓
Free SSL certificate	✓	✓	✓
Abandoned cart recovery	✓	✓	✓
Gift cards	✓	✓	✓
Reports	-	Standard	Advanced
Third-party calculated shipping rates Show calculated rates with your own account or third-party apps at checkout.	-	-	✓
SHOPIFY SHIPPING			
Shipping discount Competitive shipping rates from DHL Express, UPS, or USPS.	up to 77%	up to 88%	up to 88%
Shipping labels Print shipping labels for orders using a standard printer—no special equipment.	✓	✓	✓

▲ 圖 3-19 三個套餐的區別（部分截圖）

　　如果你已經有網站，那麼可以先購買 Shopify Lite 套餐試一試；如果你沒有網站，那麼可以先購買 Basic Shopify Plan 套餐試一試，按月付月租，在熟悉 Shopify 操作並且獨立站的銷量達到一定的水準後，再考慮升級套餐。

Shopify 後台功能

在第一次登入 Shopify 後台時，頁面顯示語言預設為英文，如圖 4-1 所示。Shopify 已於 2019 年 4 月上線了中文版 (本書範例為簡體中文)，賣家可以點擊後台右上角的商店名稱，選擇 "Manage account"

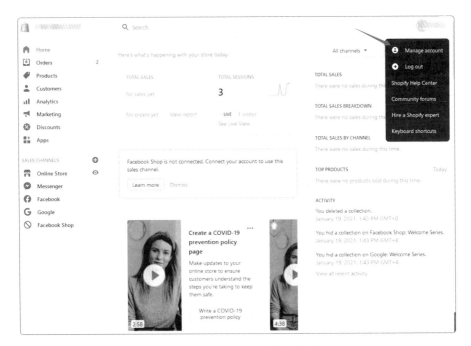

▲ 圖 4-1 Shopify 英文首頁

（管理帳戶）選項，在新頁面的 "Language"（語言）文字標籤中，可以選擇全球大多數語言。這裡選擇簡體中文（beta 版），在保存設定後頁面顯示語言即可切換為簡體中文版，如圖 4-2 所示 (編者按：台灣讀者請選擇繁體中文版，之後的介面都會出現繁體中文)。

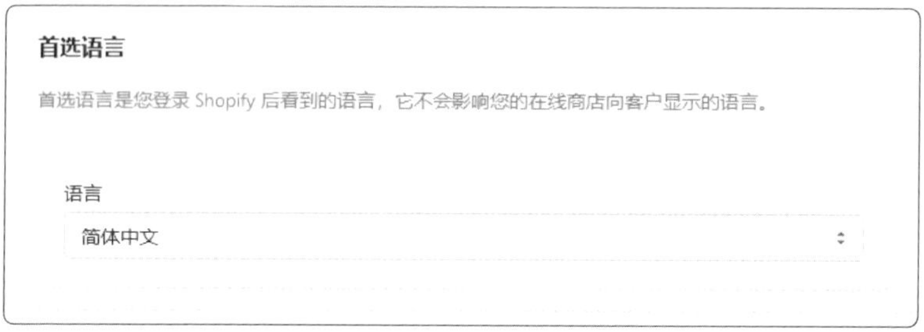

▲ 圖 4-2　Shopify 設定語言頁面

✔ 4.1 Shopify 後台總覽

4.1.1 後台首頁介紹

在 Shopify 後台首頁，你可以看到頁面分為左側的功能表列、中間的動態通知欄，以及右側的商店動態欄。

功能表列顯示的是 Shopify 的所有業務設定，包括 Shopify 的核心業務、應用、銷售通路及設定。「訂單」選項右側的數字表示當前訂單數。點擊「線上商店」選項右側的眼睛圖示則可以快速開啟商店前台頁面，如圖 4-3 所示。

中間的動態通知欄最上方顯示的是當天的總銷售額和總流量，往下分別為商店連接通知、廣告帳戶通知、活動通知、郵寄清單訂閱使用

者、14 天內被查看次數最多的產品、被增加到購物車最多的產品、訪客來源等。動態通知欄還提供了銷售指導、稅費設定、官方學習平台等設定通知。

▲ 圖 4-3 當前訂單數和快速開啟商店前台頁面

右側的商店動態欄則提供了各通路今天、昨天、本週、本月的銷售額和熱門產品,以及商店近期的銷售動態。

總之,Shopify 後台首頁提供的資訊直觀且豐富,隨著商店操作、廣告對接、應用安裝的不同,後台首頁顯示的內容也會有所不同。

4.1.2 產品

1. 增加產品

點擊後台首頁的「產品」選項,將彈出「產品」子選項並開啟「所有產品」頁面。此時,賣家將看到商店的所有產品,並可以進行增加產品、選擇產品、編輯產品等操作。如果安裝了分享或推廣外掛程式,那麼還可以直接在「其他操作」下拉式功能表裡找到對應的操作,如圖 4-4 所示。

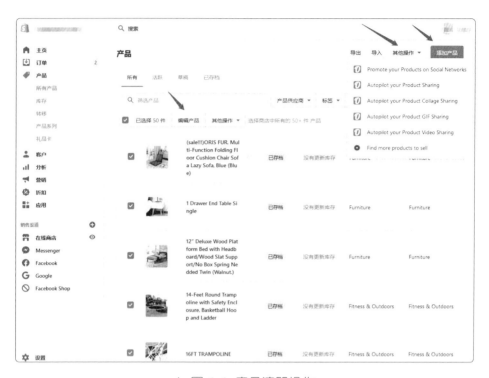

▲ 圖 4-4　產品清單操作

　　Shopify 支援產品批次匯出和匯入。賣家既可以將所有產品匯出為 CSV 檔案，也可以透過 CSV 檔案建立批次匯入範本。批次增加產品，通常可以用於已經具備格式化資料的產品範本批次上傳或產品搬家。Shopify 的批次範本較為簡單，只要產品資訊齊全就可以匯入，本節不做過多介紹，主要介紹後台增加產品的步驟。

　　首先，點擊「增加產品」按鈕，開啟增加產品頁面，在此頁面中可以設定的內容如下：

（1）標題。標題一般不超過 255 個字元，考慮手機端客戶瀏覽，建議不超過 120 個字元。

（2）描述。Shopify 支援圖文、表格、視訊等多媒體描述，並且支援 HTML 程式，因此可以在描述中建立豐富的內容。

（3）媒體。Shopify 支援上傳檔案、從 URL 增加圖片或嵌入 YouTube 視訊，如圖 4-5 所示。增加媒體後可以在描述中進行引用，以免重複增加。

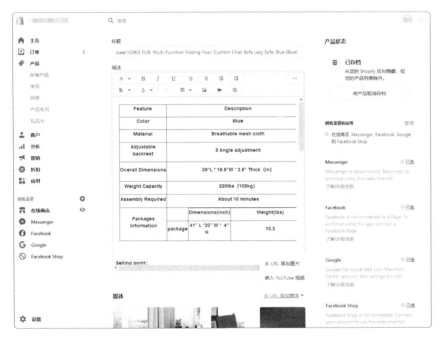

▲ 圖 4-5 增加產品頁面

（4）定價。Shopify 可以設定價格、原價、成本價，以便計算利潤。如果推廣的地區收稅，那麼可以選取「需要收稅」核取方塊。

（5）庫存。預設庫存管理方為 Shopify，如果賣家增加了協力廠商應用，那麼也可以用其他庫存管理方。賣家可以增加 SKU 貨號、條碼及數量，並且選取「允許缺貨後繼續銷售」核取方塊。

（6）發貨資訊。預設選取「需要運輸」核取方塊，如果銷售的是虛擬產品，或未透過 Shopify 處理運輸狀態，則可以不選取該核取方塊。在此處可以設定發貨重量、發貨國家及 HS 程式。

（7）多屬性。Shopify 最多支援 3 種選項，每個選項都可以在此處直接用逗點分隔來設定多屬性，用於屬性的種類與數量為相乘關係，因此通常建議使用不超過兩種。在設定多屬性後，可以預覽每個多屬性產品的價格、數量及 SKU。產品多屬性設定如圖 4-6 所示。屬性圖片無法在此處單獨設定，需在保存產品後，重新編輯產品多屬性 SKU 來增加圖片。

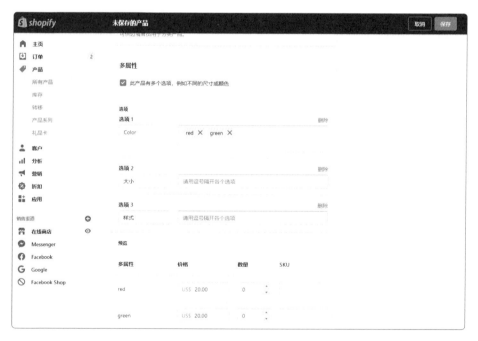

▲ 圖 4-6 產品多屬性設定

（8）搜尋引擎最佳化。在這裡可以進行簡單的頁面標題、描述和內部連
結最佳化，如圖 4-7 所示。

▲ 圖 4-7 搜尋引擎最佳化

在增加產品頁面的右側，可以顯示產品狀態和銷售通路等。另外，
在此處能夠設定產品的組織形式，如產品類別、供應商、產品系列、標
籤等。如果設定了產品系列，那麼在此處為產品按照系列進行分類。最
後，還可以透過選擇產品範本來調整產品的範本樣式。

2. 庫存與轉移

點擊「產品」→「庫存」選項，開啟庫存頁面。庫存頁面顯示了所
有位置的產品庫存數量，並支援直接修改庫存數量、匯出和匯入庫存檔
案，以及使用協力廠商庫存管理外掛程式管理庫存。

點擊「產品」→「轉移」選項，可以在增加倉庫轉移頁面中調整庫存數量。通常在進行多倉庫管理時，透過此頁面調整每個倉庫的庫存數量。操作很簡單，只需要增加要轉移的產品，設定產品數量即可，如圖4-8 所示。

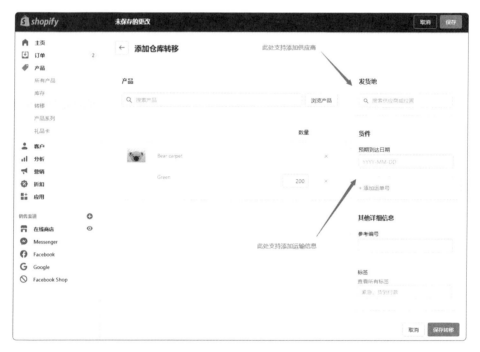

▲ 圖 4-8 增加倉庫轉移頁面

在增加倉庫轉移頁面中，Shopify 提供了簡單的供應商管理及貨件處理資訊。賣家可以增加供應商和貨件訂單號、預期到達日期等，以便倉儲管理人員進行處理。訂單號與國際主流承運商對接，能夠方便地了解運輸軌跡。

設定要轉移的產品並點擊「保存轉移」→「下一步」按鈕後，庫存數量將更新為產品的原庫存數量與倉庫轉移產品的數量之和。

3. 產品系列

產品系列在 Shopify 中的英文是 Collection，而非 Category，因此產品系列作為 Shopify 獨立站的特色，不僅可以表示產品分類，而且可以設定按照產品分類規則制定的產品集，如折扣產品、節日產品等。

如果在「產品系列類型」選區中選擇「手動」選項按鈕，建立的產品系列就可以視為普通的產品分類。在增加產品系列名稱和描述等資訊後，在所有產品中選定產品，點擊「其他操作」→「增加到產品系列」或「從產品系列中刪除」選項，即可將指定的產品增加到產品系列中或從產品系列中刪除，如圖 4-9 所示。

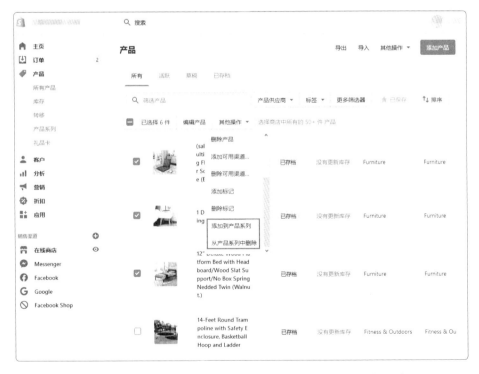

▲ 圖 4-9 將產品增加到產品系列中或從產品系列中刪除

如果在「產品系列類型」選區中選擇「自動」選項按鈕,那麼可以設定條件匹配選項,設定自動產品系列。不僅可以在增加產品時指定產品系列,還可以根據產品名稱、產品價格、產品標籤、庫存、重量等條件自動歸類產品。從理論上來說,一個產品可以被自動歸類到多個產品系列中,從而獲得對應系列的流量。

如圖 4-10 所示,可以將標籤為 hotsale、產品價格小於 30 美金的產品自動歸類到前台名為 Hot Sale 的產品系列中。

▲ 圖 4-10 產品系列設定

產品在產品系列中預設按字母順序排序。賣家可以在所有產品中選擇按照字母順序、建立時間、更新時間、庫存數量、產品類型等排序。

產品系列也支援搜尋引擎最佳化、增加產品系列圖片和更換產品系列範本。

4. 禮品卡設定

Shopify 支援線上銷售禮品卡，也支援直接給客戶發放禮品卡程式。

線上銷售禮品卡相當於將禮品卡作為一個簡化的產品進行銷售，通常只需要設定禮品卡標題、描述、媒體及面額，同時禮品卡也支援搜尋引擎最佳化，以及設定產品類別、標籤、範本等資訊。

發放禮品卡則只需要設定禮品卡程式、初始金額和過期日期，然後賣家可以將禮品卡程式透過電子郵件等方式直接發送給客戶，如圖 4-11 所示，或直接將禮品卡程式發佈到專門為客戶提供優惠券程式的 Deal 站。

▲ 圖 4-11 發放禮品卡設定

5. 訂單管理

開啟 Shopify 的訂單管理頁面（如圖 4-12 所示），首先顯示當前商店的所有訂單及訂單狀態，包括訂單編號、日期、客戶名稱、成交金額、支付狀態、發貨狀態、訂單產品、配送方式和標籤，在此處可以針對訂單進行批次發貨、批次入帳、批次列印裝箱單等操作，也可以匯出 CSV 表格進行處理。

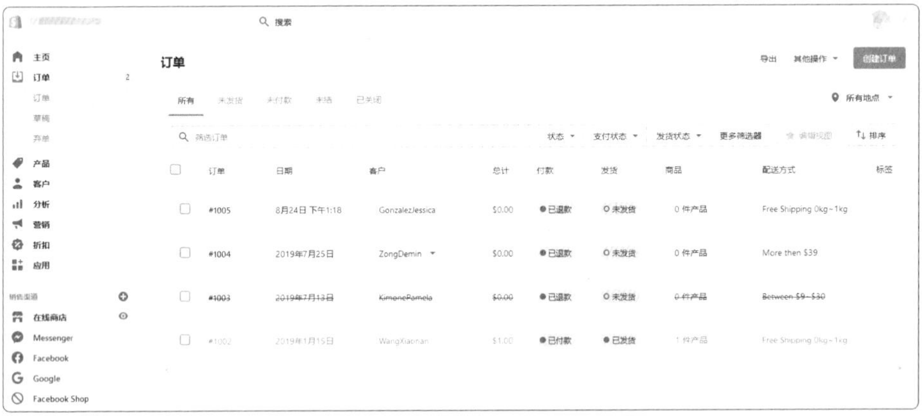

▲ 圖 4-12 訂單管理頁面

點擊單筆訂單，能夠看到訂單詳情，包括訂單產品的名稱、價格、SKU、發貨位置，以及客戶地址、電話等資訊。另外，Shopify 還提供了訂單的時間線、轉化摘要、詐騙分析等資訊。從這些資訊中不僅可以看出客戶處理訂單的過程，也有助辨識可能存在風險的訂單，如拒付訂單、失竊信用卡訂單等，如圖 4-13 所示。訂單詳情能夠有效地幫助賣家判斷訂單狀況、防範風險及處理訂單資訊。

▲ 圖 4-13 訂單詳情

　　草稿是在手動建立訂單時產生的。在訂單管理頁面右上方點擊「建立訂單」按鈕，可以手動建立訂單。手動建立訂單通常用於未在 Shopify 平台成交的訂單，便於讓客戶透過信用卡或其他方式直接付款，然後賣家在 Shopify 處理訂單及發貨。

　　棄單為客戶下單，但沒有完成付款的訂單。客戶如果放棄結帳，那麼在購物車中的產品將不會被保存，因此 Shopify 也提供了發送棄單恢復郵件的功能，以便提醒客戶重新購買。此外，賣家還應該去訂單詳情中查看訂單的時間線，找到客戶的訂單處理過程，以便找到棄單原因。賣家也可以使用 Google Analytics 等分析工具，查看客戶在網站上的行動軌跡和行為流，以便最佳化購物流程，減少棄單。

4.1.3 客戶、分析、折扣

1. 客戶

　　Shopify 後台整合了簡單的客戶管理功能。開啟客戶頁面，將列出當前所有客戶名稱、所在地、訂單數及花費金額，如圖 4-14 所示。賣家在客戶頁面中可以進行以下操作：

（1）新建客戶。為無法自主註冊的客戶建立客戶名稱。

（2）查看回頭客。預設顯示訂單數大於 1 的客戶，可以用於回頭客維護。

（3）查看棄單。預設查看過去 1 個月內的棄單，可以用於棄單啟動。

（4）查看電子郵件訂閱者。可以用於郵件行銷。

（5）可以對客戶進行匯出和匯入操作。

　　在大部分的情況下，賣家要提供讓客戶滿意的服務方式，應盡可能多地了解目標客戶希望得到什麼樣的產品或服務。了解客戶需求需要較

長時間，在此之前，賣家應提供明確的客戶服務策略，舉例如下：

（1） 提供完整的退換貨政策與相對準確的物流服務政策。

（2） 為客戶提供準確、便捷的線上聯繫方式。

（3） 在商店中提供常見問題頁面，解答對產品和業務的疑問。

（4） 為訂閱電子郵件的客戶即時更新產品及活動資訊。

（5） 為忠誠度高的客戶提供贈品、優惠或更優質的服務。

（6） 調查客戶對賣家產品或服務的看法，以便進行改進。

▲ 圖 4-14 客戶頁面

2. 分析

在「分析」選項中，Shopify 提供了主控台、報告和即時視圖。其中，在主控台頁面中能夠按時間段查看資料總覽，包括總銷售額、線上商店訂單轉換率、熱銷產品、線上商店訪客數（按照流量來源計算）、銷售額（按照社交通路計算）、熱門訪客通路、網站流量、客單價、線上商店訪客數（按照國家和地區計算）、銷售額（按照流量推薦來源）、熱門頁面（按照訪客數計算）、客戶重複購買率、總訂單數、線上商店訪客數（按照裝置類型計算）、線上商店訪客數（按照社交通路計算）、行銷活動帶來的銷售額，如圖 4-15 所示。

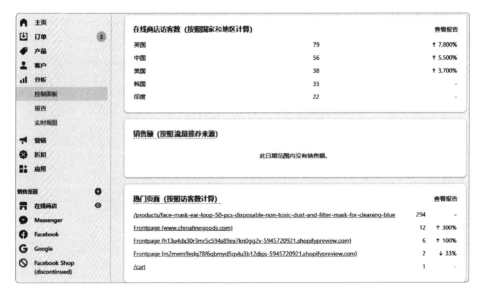

▲ 圖 4-15 主控台頁面

在報告頁面中，可以從流量獲取、資金、庫存、行為、行銷等維度查看過去某個時間段內的對應資料報告。

在即時視圖頁面中，能夠以地圖及圖表形式顯示當前訪客數、總銷售額、總存取次數、總訂單數、頁面查看次數、客戶行為等資料。

3. 折扣

在折扣頁面中，Shopify 提供了折扣碼和自動折扣兩種折扣形式。點擊「建立折扣」按鈕，可以選擇建立折扣碼或自動折扣，如圖 4-16 所示。

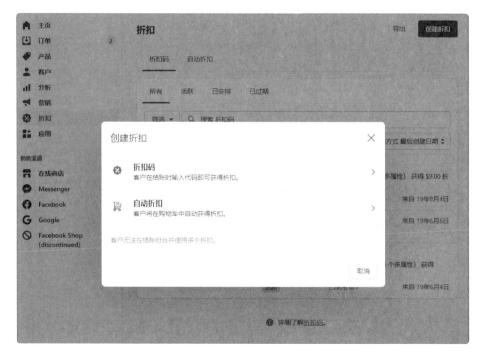

▲ 圖 4-16　建立折扣

點擊「折扣碼」選項，進入建立折扣碼的頁面。賣家可以自訂折扣碼，也可以點擊「生成程式」選項來自動生成折扣碼，然後設定折扣碼，如圖 4-17 所示。

← 创建折扣码

折扣码   生成代码   摘要

例如，SPRINGSALE   尚未输入任何信息。

客户会在结账时输入此折扣码。
                                                        业绩
类型   折扣尚未生效。

◉ 百分比
○ 固定金额   无法与其他自动折扣合并使用
○ 免运费   如果在结账时已经应用了自动折扣，则客户
○ 买 X 得 Y   将无法输入代码。

值

折扣额

              %

适用于

◉ 所有产品
○ 特定产品系列
○ 特定产品

最低要求

◉ 无
○ 最低购买金额 (US$)
○ 最低商品数量

客户资格

◉ 所有人
○ 特定的客户组
○ 特定客户

使用限制

☐ 限制该折扣总共能使用的次数
☐ 每位客户限使用一次

生效日期

开始日期   开始时间 (CST)
📅 2021-06-15   🕐 下午3:34

☐ 设置结束日期

放弃   保存折扣码

▲ 圖 4-17 建立折扣碼

（1） 類型。可以選擇折扣碼的類型，如百分比、固定金額、免運費或買 X 得 Y。

（2） 值。在「值」選區中，可以設定折扣額和適用產品。根據折扣碼的 類型可以選擇折扣比例、折扣金額、免運費國家及購買特定產品獲 得的優惠。當折扣碼的類型為百分比或固定金額時可以選擇適用的 產品。

（3） 最低要求。可以設定適用折扣碼的最低購買金額或數量。

（4） 客戶資格。可以選擇折扣碼針對所有人、特定的客戶組或特定客戶。

（5） 使用限制。可以設定折扣碼使用的總次數或每位客戶限使用一次。

（6） 生效日期。可以設定折扣碼的開始日期和結束日期。

當賣家建立自動折扣時，折扣類型沒有免運費，並且必須設定最低 購買金額或最低產品數量，其他與建立折扣碼一致。

賣家可以在折扣頁面中將折扣碼匯出為 CSV 檔案，以便查看折扣碼 的歷史記錄，不過折扣碼僅支援匯出，不支援匯入。

賣家還可以結合棄單恢復郵件，對棄單客戶自動應用折扣。此時， 賣家應首先設定折扣碼，並記錄折扣碼名稱，如 Repurchase，然後在 Shopify 後台點擊「設定」→「通知」→「訂單」→「棄單」選項，在 電子郵件正文中，找到以下程式。

```
<td class="button_cell"><a href="{{ url }}" class="button_text">
Items in your cart</a></td>
```

複製下面的程式部分。

```
{% if url contains '?' %}{{ url | append: '&discount=ABC' }}{% else %}
{{ url | append: '?discount=ABC' }}{% endif %}
```

貼上該程式部分以替換上述程式中的 {{ url }}。

之後，找到以下程式。

```
<td class="link__cell">or <a href="{{ shop.url }}">Visit our store</a></td>
```

複製下面的程式部分。

```
{{ shop.url | append: '/discount/Repurchase' }}
```

貼上該程式部分以替換上述程式中的 {{ shop.url }}。

此時，程式全文應該如下所示。

```
<tr>
  <td class="actions__cell">
    <table class="button main-action-cell">
      <tr>
        <td class="button__cell"><a href="{% if url contains '?' %}{{ url | append: '&discount=Repurchase' }}{% else %}{{ url | append: '?discount=Repurchase' }}{% endif %}" class="button__text">Items in your cart</a></td>
      </tr>
    </table>
    {% if shop.url %}
    <table class="link secondary-action-cell">
      <tr>
        <td class="link__cell">or <a href="{{ shop.url | append: '/discount/Repurchase' }}">Visit our store</a></td>
      </tr>
    </table>
    {% endif %}
  </td>
</tr>
```

　　點擊「保存」按鈕，此時只要正確設定了上述折扣碼，棄單恢復郵件都將被發送給客戶，並且客戶在結帳時會自動應用折扣。

⊘ 4.2 銷售通路

4.2.1 線上商店範本

　　Shopify 的初始銷售通路預設為只有線上商店。賣家透過外掛程式和應用可以增加 Messenger、Facebook、Google 等協力廠商通路。由於 Shopify 前台的大部分顯示內容均由線上商店設定，其中包括範本、部落格文章、頁面、網站地圖、域名與偏好設定，下面逐項介紹。

　　點擊「範本」選項，此時頁面顯示即時範本、線上商店速度、範本庫等。賣家還可以瀏覽 Shopify 免費範本，透過 Shopify 範本商店查詢精選範本。

　　對於範本庫的範本，賣家可以點擊「操作」下拉式功能表進行預覽和發佈，發佈即時範本後即可切換到所選擇的範本。對於即時範本，賣家可以點擊「操作」下拉式功能表來預覽、重新命名、複製、下載範本檔案、編輯程式與編輯語言，如圖 4-18 所示。

　　可以透過 Liquid 語言編輯 Shopify 的大部分範本程式，從而實現原範本無法實現的功能，也可以編輯成功程式建立新範本。編輯程式是對 Shopify 範本的底層變動，因此如果必須改動程式，建議有前端程式撰寫經驗的人進行相關操作。

▲ 圖 4-18 範本頁面

在不編輯程式的情況下，賣家依然可以透過自訂功能，實現前台頁面的更改。在範本頁面點擊「自訂」按鈕，即可進行範本的視覺化操作，如圖 4-19 所示。

範本的視覺化操作可以進行大部分前台頁面樣式的自訂，包括首頁頭部、Logo、幻燈片、豐富文字、分類、熱門產品、底部及內容等自訂，並可以透過呼叫網站導覽選單，實現網站導覽。

以分類列表自訂為例，賣家可以點擊 "Shop by category"（此標題也可以自訂）選項，從而調整首頁顯示的分類，並且針對每個分類，都可以設定產品系列、分類 Title 及焦點，如圖 4-20 所示。

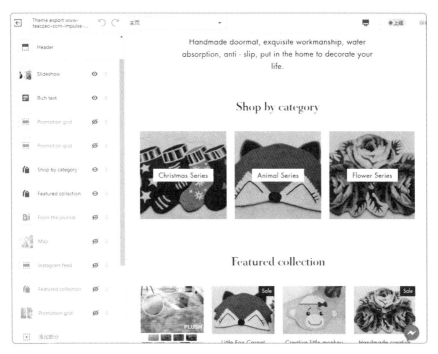

▲ 圖 4-19 範本的視覺化操作

▲ 圖 4-20 首頁分類列表自訂

在範本自訂頁面上方，賣家還可以切換到其他頁面進行修改，如圖 4-21 所示。可以看到，首頁、產品頁面、產品系列頁面、產品系列清單、部落格、購物車、結帳、禮品卡，甚至 404 頁面等幾乎所有頁面都可以自訂。賣家可以透過自訂頁面樣式和內容實現商店的個性化。

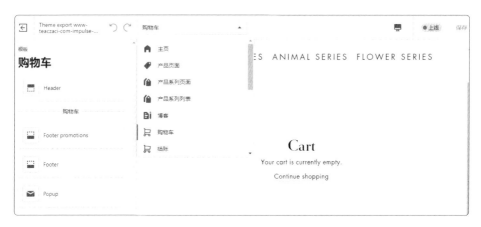

▲ 圖 4-21 切換範本頁面

另外，Shopify 的預設範本不顯示動態結帳按鈕。賣家可以在範本自訂時選擇產品頁面，再點擊產品頁面，選取 "Show dynamic checkout button"（顯示動態結帳按鈕）核取方塊，保存後在產品頁面上會顯示動態結帳按鈕。

能夠自訂的所有範本頁面基本都包含了頁首、頁面、頁尾三個部分。其中，頁首通常包含當前商店頂部的內容，如名稱、Logo、選單等；頁面包含主體動態內容，如產品、分類清單、詳情等；頁尾則包含每個頁面底部的內容，如底部選單、聯絡資訊、社交媒體圖示等。

點擊「範本設定」選項，賣家可以更改範本風格，以實現當前範本的顏色、字型、主題等全域樣式修改，如圖 4-22 所示。

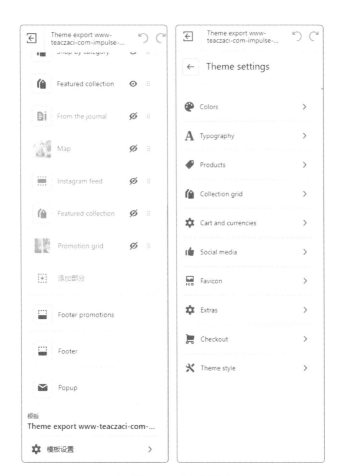

▲ 圖 4-22 範本設定

4.2.2 部落格文章

　　Shopify 為賣家提供了部落格文章範本。賣家可以透過部落格文章圍繞產品和品牌與客戶進行互動，從而提高客戶忠誠度。點擊「部落格文章」選項，即可開啟增加部落格文章頁面。賣家可以透過豐富文字編輯器，增加文章，設定文章內容格式，增加圖片，嵌入視訊或插入連結，如圖 4-23 所示。

▲ 圖 4-23 增加部落格文章頁面

　　部落格文章同時支援摘錄及標籤，以利於搜尋引擎最佳化。部落格文章是傳播產品知識和品牌認知度比較好的方式。賣家可以充分利用部落格文章吸引自然流量。賣家可以利用一些創意實現受眾群眾的引入，以下是一些參考標題。

（1）「給老爸的父親節禮品指南」，此處為針對特定受眾群眾的節日禮品創意。

（2）「給男朋友的情人節禮品指南」，此處為針對特定類型的使用者禮品指南。

　　在此類部落格文章中，賣家可以將產品圖文詳情透過故事的方式進行表述。

　　另外，部落格文章預設處於隱藏狀態。賣家可以在編輯文章時，在「可見性」選區中選擇「可見」選項按鈕以便將文章顯示到商店中。同時，賣家還可以設定可見性日期以實現部落格文章的定時發佈。

　　部落格文章支援評論，預設為禁用狀態。賣家可以根據需求設定禁用評論、審核後顯示和自動發佈。

4.2.3 頁面

　　頁面與部落格文章的編輯形式類似，但在頁面中通常放置很少更改的商店單頁，如關於我們、聯絡我們、常見問題、購物條款、隱私條款等，可以以頁面的形式增加，如圖 4-24 所示。

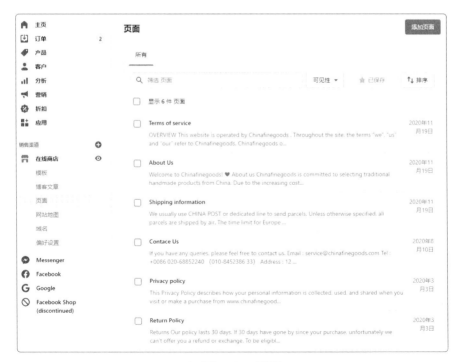

▲ 圖 4-24 頁面

頁面內容也是客戶經常查看的。以「關於我們」頁面為例，賣家可以將商店的品牌故事寫入關於我們頁面，幫助客戶提高對賣家的認知。除了品牌故事，賣家在關於我們頁面中可以介紹以下內容：

（1）我們是誰。介紹商店的創始人及團隊。

（2）我們銷售什麼。介紹產品、產品價值及與其他產品的差異化賣點。

（3）我們的服務。能夠為客戶提供的專業知識、價值和服務。

4.2.4 網站地圖

網站地圖提供了商店全域可呼叫的網站導覽選單，並且支援巢狀結構選單來顯示下拉式功能表，如圖 4-25 所示。

▲ 圖 4-25 網站導覽頁面

點擊網站導覽頁面右上方的「增加選單」按鈕，可以開啟增加選單頁面，點擊底部的「增加選單項」選項，在網頁右側將彈出選單名稱及連結選項，在此處透過選擇連結可以把選單連結到商店的幾乎任何頁面，而且賣家還可以透過直接輸入或貼上網址，將選單連結到站外，以

實現友情連結的功能，如圖 4-26 所示。

▲ 圖 4-26　增加選單頁面

點擊網站導覽頁面右上方的「查看 URL 重新導向」按鈕，可以設定 URL 重新導向。這項功能一般用於在網站某網頁的網址發生變更時，可以將變更前的網址重新導向到變更後的網址，以免客戶找不到網頁，如圖 4-27 所示。

▲ 圖 4-27　URL 重新導向頁面

在大部分的情況下，我們可以設定主選單和底部選單，並在範本自訂中進行呼叫。主選單設定的內容參考如下：

（1）首頁。便於客戶隨時回到首頁，如果 Logo 帶有首頁連結，那麼此處可以省去。
（2）產品類別。用於展示產品分類，可以巢狀結構下拉式功能表進行二級分類。
（3）熱門活動。用於展示重點推薦的產品和活動。
（4）服務。可以為客戶提供售後服務政策查詢，也可以設定為會員服務。
（5）關於我們。用於展示商店的介紹、部落格、聯繫方式等。

底部選單設定的內容參考如下：

（1）關於我們。用於展示商店的介紹、部落格、聯繫方式等。
（2）聯絡我們。用於展示商店的聯繫方式，包括電子郵件、地址、社交媒體連結等。
（3）服務政策。用於展示商店的服務條款、通知、產品或服務等。
（4）退換貨政策。用於展示明確的退換貨政策，服務客戶。協力廠商廣告商也有對退換貨政策的相關審核要求。
（5）物流政策。用於展示明確的物流政策，告知客戶物流時效及避免物流風險。協力廠商廣告商也有對物流政策的相關審核要求。
（6）隱私條款。隱私條款是指對所收集的客戶資訊的使用和處理條款。協力廠商廣告商也有對隱私條款的相關審核要求。

4.2.5 域名

域名用於造訪商店前台頁面。通常在網站命名的時候就需要確定域名。在 Shopify 後台既可以連接現有域名，也可以購買新域名。

如果賣家此前已註冊過域名，此時就可以選擇連接現有域名。

點擊「連接現有域名」選項，輸入域名，點擊「下一步」按鈕。如果域名提供商是 GoDaddy、Google 或 1&1 IONOS，那麼賣家此時可以點擊「自動連接」按鈕，並登入服務商帳戶實現自動連接。

如果賣家的域名提供商是其他（如阿里雲、騰訊雲等服務商），那麼賣家可以登入服務商帳戶，在域名解析中，編輯域名的 A 記錄，指向 Shopify 的 IP 位址 23.227.38.32，或編輯 CNAME 記錄指向 shops.myshopify.com，如圖 4-28 所示。

主機記錄	記錄類型 ▼	線路類型	記錄值	MX優先級	TTL（秒）	最后操作时间	操作
@	NS	默认	f1g1ns1.dnspod.net.	-	86400	2018-08-07 10:09:56	修改 暂停
@	NS	默认	f1g1ns2.dnspod.net.	-	86400	2018-08-07 10:09:56	修改 暂停
@	TXT	默认	facebook-domain-verifica...	-	600	2018-08-07 15:46:43	修改 暂停
@	MX	默认	mx.ym.163.com.	5	600	2018-08-27 15:47:27	修改 暂停
@	TXT	默认	v=spf1 include:spf.163.c...	-	600	2018-08-27 15:51:56	修改 暂停
www	A	默认	23.227.38.32	-	600	2018-08-28 14:35:12	修改 暂停
@	A	默认	23.227.38.32	-	600	2018-08-28 14:35:20	修改 暂停
@	TXT	默认	google-site-verification=	-	600	2018-09-14 09:08:18	修改 暂停

▲ 圖 4-28 域名 A 記錄解析

需要注意的是，賣家如果不想用根域名或 www 域名存取商店，則可以設定二級域名（如 shop.xxxxxx.com）指向上述地址。

在完成域名解析後，回到 Shopify 的域名頁面中點擊「驗證連結」按鈕，此時應該有 3 個已驗證的連結，包括 www.xxxxxx.com、xxxxxx.myshopify.com 及 xxxxxx.com，如圖 4-29 所示。

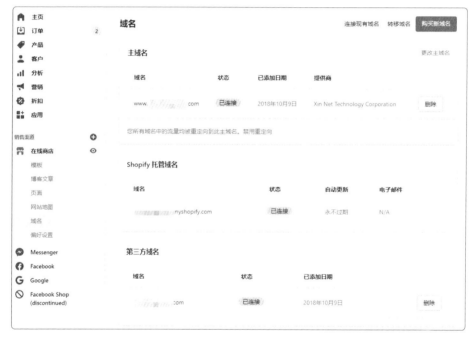

▲ 圖 4-29 域名驗證

4.2.6 偏好設定

偏好設定是網站的全域性設定，在此處可以設定以下內容：

（1）網站標題和元描述。設定準確的網站標題和元描述有助搜尋引擎索引。

（2）社交分享圖片。用於設定社交媒體分享商店時顯示的圖片、標題及描述。

（3）Google Analytics。用於連結 Google Analytics 帳戶查看完整的網站存取資料。

（4）Facebook Pixel。用於連結 Facebook 廣告帳戶追蹤客戶行為及進行再行銷。

（5）客戶隱私。用於允許客戶自行控制其資料，並可以針對部分區域的隱私政策來限制資料追蹤。

（6）密碼保護。在網站未開啟時可以啟用密碼以限制他人存取線上商店。

（7）垃圾郵件保護。在評論、登入、建立、密碼恢復等操作中啟用 Google reCAPTCHA 以保護商店免受垃圾資訊干擾。

（8）域名重新導向。可以自動定向到指定國家域名，適用於 Shopify 進階套餐。

Shopify 設定

🄖 5.1 Shopify 的基礎設定

在 Shopify 後台首頁左下方點擊「設定」選項,即可開啟 Shopify 的設定頁面。通常新開設的商店要進行相關設定,以完善商店的詳細資訊、收款方式、結帳流程、發貨方式、稅費、倉庫管理、通知、規則等。設定頁面也提供了管理商店的檔案、銷售通路的方式。賣家還可以在設定頁面中邀請員工參與商店管理。

5.1.1 通用設定

點擊「設定」→「通用」選項,可以設定商店的通用資訊,包括以下內容:

（1）商店詳細資訊。商店詳細資訊包括商店名稱、商店連絡人電子郵件、寄件者電子郵件、商店產業等。商店連絡人電子郵件是Shopify 與賣家聯繫用的電子郵件，而寄件者電子郵件則是賣家與客戶聯繫時可以顯示的電子郵件。Shopify 已推出 Shopify Email 應用，使賣家可以用域名電子郵件與客戶進行聯繫。

（2）商店地址。賣家可以設定公司法人名稱、電話及詳細地址。如果賣家為客戶提供增值稅發票，那麼該地址將顯示在發票上。

（3）標準和格式。在這裡設定商店時區、單位制、重量單位及訂單 ID 格式。

（4）商店貨幣。賣家在此處設定商店預設貨幣，並且在第一次銷售完成後，該設定將無法修改，只能在收款設定中進行更改。

5.1.2 收款設定

只有賣家設定好收款方式，商店才能完成訂單支付流程。Shopify 提供了多種收款方式，由於地區限制，部分收款方式在當地不可用，賣家需要選擇可用的收款方式進行收款。

1. PayPal 快速結帳

Shopify 支援 PayPal Express 帳戶收款。賣家可以用企業註冊 PayPal Express 帳戶並將其連結到 Shopify 來接受外幣付款，連結後將顯示連結帳戶，如圖 5-1 所示，並且賣家可以在產品頁面中顯示「PayPal 快速結帳」按鈕。

▲ 圖 5-1 連結 PayPal

　　PayPal Express 帳戶同時支援國外 PayPal 餘額支付和外幣信用卡支付，支援國際上主要的貨幣幣種。PayPal 的交易手續費費率是 2%，單筆提現手續費為 35 美金。賣家可以利用協力廠商支付提供商降低提現手續費。

2. 協力廠商支付提供商

　　Shopify 支援的協力廠商支付提供商高達數十家，開啟協力廠商支付提供商清單即可看到當前區域支援的所有提供商及提供商能夠支援的支付方式，如圖 5-2 所示。

　　這些協力廠商支付提供商包括了主流的跨境電子商務收款平台（如 LianLian Pay、PingPongPay、iPayLinks、PayEase 等）。賣家可以聯繫這些收款平台，提交相關資料，開設獨立站收款帳戶，並獲得 Account ID 和 Secret KEY 與 Shopify 進行對接，在對接完成後，商店即可收款。

▲ 圖 5-2　協力廠商支付提供商

3. 其他支付方式

　　Shopify 還支援 20 多種其他支付方式。賣家可以選擇替代支付提供商，獲取帳戶和對接秘鑰，實現外部支付。

4. 手動支付方式

　　如果客戶無法線上付款，或需要貨到付款，或線下透過其他通路進行了付款，那麼賣家可以設定手動支付方式，處理線上商店之外進行的訂單付款，並在發貨前批准訂單，以完成訂單流程。

5.1.3 結帳設定

在結帳設定中，賣家可以進行以下設定：

（1）樣式。賣家可以自訂結帳頁面樣式，包括修改商店 Logo、更改顏色和字型。事實上，如果賣家點擊「自訂結帳」按鈕，將進入範本的自訂頁面。此時，賣家可以將頁面切換到結帳頁面，在結帳設定中完成相關樣式的修改。

（2）客戶帳戶。賣家可以選擇是否要求客戶在結帳時建立帳戶。賣家可以選擇訪客身份結帳、必須註冊帳戶結帳及客戶可選擇以什麼身份結帳。

（3）客戶聯繫方式。賣家可以自訂在客戶結帳時要求客戶留下電話號碼和電子郵件，或只留下電子郵件，以更新訂單發貨資訊。Shopify 在美國、加拿大、英國等區域上線了 Shop 應用，以便客戶透過 App 追蹤其訂單。

（4）表單選項。賣家可以自訂對客戶的資訊要求，如是否要求全名、是否要求填寫公司名稱、地址與電話號碼是否必填等。

（5）小費。賣家可以選取「小費」選項。此功能類似於打賞，是客戶對賣家的額外支持。

（6）訂單處理流程。賣家可以更改商店對結帳和訂單活動的處理方式，包括客戶結帳時的地址、支付訂單後是否自動發貨及訂單是否存檔等，如圖 5-3 所示。賣家還可以透過自訂指令稿，顯示結帳頁面的自訂項。

▲ 圖 5-3 訂單處理流程

（7）電子郵件行銷。賣家可以設定在結帳時是否要求客戶接收行銷電子郵件。

（8）棄單。賣家可以選取「自動發棄單行銷郵件」核取方塊，設定發送給哪些棄單客戶，並選擇在 1 小時、6 小時、10 小時或 24 小時後開始發送。

（9）結帳頁面語言。預設為英文，賣家可以修改結帳頁面顯示的語言。

5.1.4 發貨、配送與稅費設定

1. 配送方式與運費

在發貨和配送設定中，賣家首先需要設定的是結帳時的配送方式，包括發貨時的一般運費費率、不同地點的發貨費率。

在設定一般運費費率時，賣家除了設定固定運費，還可以設定不同發貨地址、不同收貨地址的運費，如圖 5-4 所示，即設定世界部分區域的運費規則，以重量和價格區間設定不同的運費費率。

賣家也可以設定多個發貨地點來自訂運費。如果賣家啟動多地發貨，那麼還可以設定到店取貨，允許本地客戶到發貨地自行取貨。

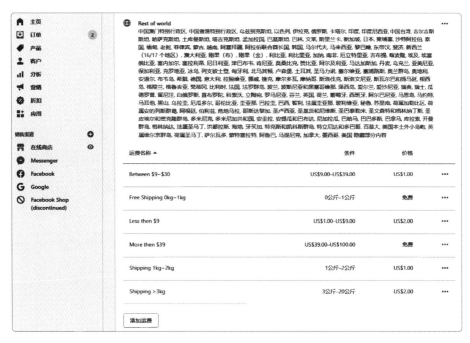

▲ 圖 5-4　運費規則

2. 包裹和裝箱單

多數運輸服務商都需要賣家提供包裹尺寸、重量及裝箱單。運輸服務商通常根據包裹重量和尺寸確定運費。賣家可以設定包裝盒，以確認包裹尺寸和重量，如圖 5-5 所示。

編輯 示例包裝盒 包裹   ✕

名稱

示例包裝盒

長度   寬度   高度   空包裹的重量 (可选)

30   20   15   厘米 ⌄   0.1   公斤 ⌄

取消   保存

▲ 圖 5-5 包裹設定

　　賣家一般在包裹內還需要提供裝箱單。Shopify 提供了可生成 PDF 的裝箱單範本。賣家可以透過 HTML、CSS 和 Liquid 變數修改並預覽裝箱單。裝箱單預設顯示賣家的商店名稱、客戶地址、帳單地址、訂單時間、產品名稱、產品數量及賣家聯繫方式等，如圖 5-6 所示。

▲ 圖 5-6 裝箱單預覽

3. 連接承運商帳戶整合發貨

如果賣家使用的 Shopify 註冊主體位於美國或加拿大，那麼可以在 Shopify 後台連接承運商帳戶。在連接承運商帳戶後，商店可以在結帳頁針對客戶顯示承運商費率。

連接承運商帳戶的條件如下：

（1）商店的註冊主體位於美國（支援 USPS、FedEx、UPS 帳戶）或加拿大（支援加拿大郵政帳戶），位於其他國家不行。

（2）Shopify 的訂閱套餐為 Advanced Shopify 或 Shopify Plus 套餐。如果賣家使用的是 Basic Shopify 套餐，那麼需要改為年付，並聯繫 Shopify 免費增加「協力廠商計算的運費」功能。

4. 稅區、稅費設定與稅收計算

如果賣家在發貨設定中增加了發貨支援的目的國家和地區，那麼點擊「設定」→「稅費」選項後，將在稅區中看到這些國家和地區，並可以單獨設定每個國家和地區的稅率。Shopify 不會為賣家申報和繳納任何稅費，因此賣家需要在當地稅務機關註冊稅號，以便繳納消費稅或增值稅（VAT）。

因為每個國家的稅收起徵點、稅率和納稅方式都不一樣（舉例來說，在美國的部分州無須交稅），所以賣家需要單獨針對徵收銷售稅的州增加銷售稅 ID。銷往歐盟國家的產品幾乎都要繳納增值稅。以英國為例，在稅區中找到英國，點擊「設定」→「收取增值稅」按鈕，增加英國增值稅號，點擊「收取增值稅」按鈕即可，如圖 5-7 所示。

▲ 圖 5-7　增加英國增值稅號

5. 多地點庫存

　　點擊「設定」→「地點」選項，可以管理存放庫存的位置。開啟地點頁面後，點擊「增加地點」選項，然後增加賣家在不同地區的倉庫地址，如果在當地有庫存，那麼可以選取「發貨此地點的線上訂單」核取方塊，如圖 5-8 所示。

　　賣家可以將產品放在多個銷售目的國家，以便提高發貨速度。以歐美先進國家為例，從本地海外倉發貨通常比從亞洲發貨快一週甚至更長時間，發貨速度快有助提升客戶體驗。

▲ 圖 5-8 庫存地點設定

✓ 5.2 其他設定

5.2.1 通知設定

　　Shopify 在通知頁面中設定了大量的客戶通知範本，包括訂單、發貨、本地配送、到店取貨、客戶、電子郵件行銷、退貨、員工通知等範本。當客戶和賣家進行相關操作時，Shopify 將自動發送相關通知。賣家也可以修改或增加自訂範本。修改或增加自訂範本需要大量使用 Liquid 變數。

　　以新訂單通知為例，點擊「設定」→「通知」選項，把頁面下拉到「範本」選區，點擊「新訂單」選項，開啟範本進行編輯，在範本中的 {% endif %} 上，增加以下程式。

```
You can review details of this order in your shop admin at {{ shop.url
}}/admin/orders/{{ id }}.
```

保存後，在新訂單通知中，將增加指向訂單頁面的連結提示，便於客戶和員工預覽訂單中的產品。

值得注意的是，部分通知除了支援電子郵件發送，還支援簡訊發送。

5.2.2 禮品卡設定

在禮品卡頁面中，賣家可以修改禮品卡的有效期限。各國家和地區對於禮品卡的到期日期有不同的法律規定。京東和 Amazon 的禮品卡的有效期都是 3 年。

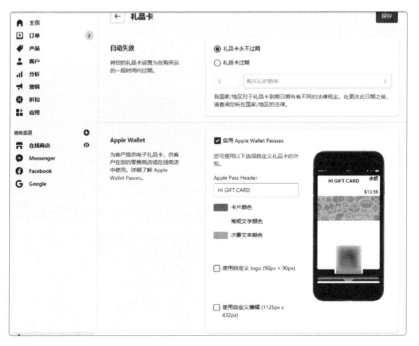

▲ 圖 5-9 禮品卡和電子禮品卡

賣家還可以啟用 Apple Wallet Passes，以便為客戶提供 iOS 裝置可用的電子禮品卡。電子禮品卡將顯示商店資訊、禮品卡餘額及二維碼。同時，賣家還可以設定電子禮品卡的標題、顏色、文字、Logo 和 Banner，如圖 5-9 所示。

5.2.3 檔案設定

Shopify 的檔案頁面中提供了一個簡單的全域檔案管理員。賣家可以在檔案頁面中上傳圖片、視訊、文件等檔案，以便在商店中進行使用。另外，所有從產品、部落格等頁面中上傳過的圖片、視訊和文件，也可以在檔案頁面中集中管理。

5.2.4 銷售通路管理設定

銷售通路管理可以把商店的產品整合到其他通路進行銷售。賣家可以直接增加 Shopify 支援的銷售通路，如 POS、Buy Button、Shopify Chat、Handshake。以 Buy Button 為例，賣家點擊「增加銷售通路」按鈕，在開啟的頁面中點擊 "Buy Button"（購買按鈕）→「增加」按鈕，Shopify 將提示建立 Buy Button，如圖 5-10 所示。

點擊「建立 Buy Button」按鈕後選擇建立 Buy Button 的類型。對於一件產品，可以選擇產品 Buy Button。對於產品系列，可以選擇產品系列 Buy Button。以選擇產品 Buy Button 為例，選擇對應的產品，將開啟 Buy Button 的按鈕類型自訂頁面，如圖 5-11 所示。

▲ 圖 5-10 增加 Buy Button

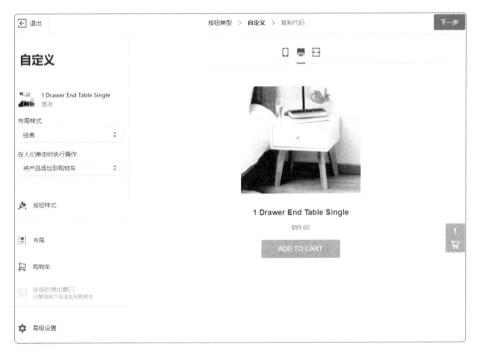

▲ 圖 5-11 Buy Button 的按鈕類型自訂頁面

　　在自訂頁面的左側可以設定按鈕的樣式、操作等,也可以設定結帳行為視窗。自訂頁面的右側為即時預覽圖。在設定完成後,點擊頁面右上方的「下一步」按鈕,Shopify 即可生成 Buy Button 的按鈕程式,如圖 5-12 所示。

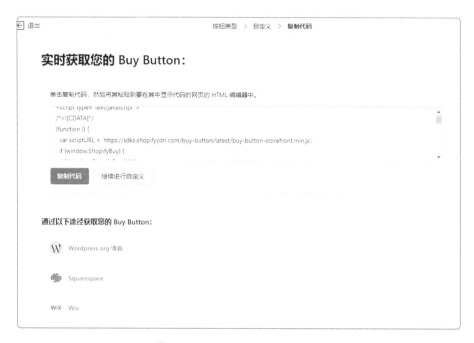

▲ 圖 5-12 Buy Button 的按鈕程式

　　賣家可以複製程式,將程式應用到其他網站或部落格中,以便為其他網站或部落格提供購買按鈕,實現銷售通路的擴充。

　　賣家還可以從市集中增加支援的應用來擴充銷售通路,如 Facebook、Google、Messenger 等。

5.2.5 套餐設定

Shopify 的套餐主要有 Basic Shopify、Standard Shopify、Advanced Shopify 套餐，幾乎都支援全天候客服、應用生態系統、SSL 證書、多幣種、禮品卡等，僅在支援的員工數量、倉庫地點數量、專業報告、付款費率等服務上有所差異，如圖 5-13 所示。

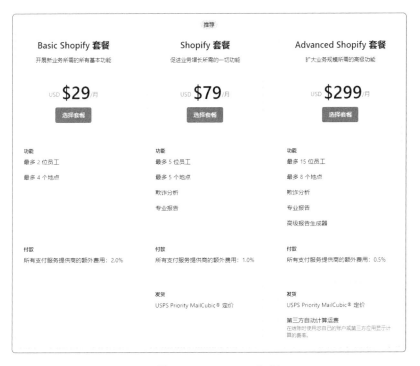

▲ 圖 5-13 Shopify 套餐

5.2.6 使用者和許可權設定

賣家在「使用者和許可權」選項中可以轉讓商店所有權、增加員工或批准合作者，並能夠管理協力廠商登入。

1. 轉讓所有權

　　點擊「轉讓所有權」按鈕，輸入新店主的電子郵件、姓名和商店密碼，點擊「轉讓商店所有權」按鈕即可向新店主發送郵件。新店主在啟動帳戶後將獲得商店所有權，同時原店主的所有權將被刪除。

2. 增加員工

　　點擊「增加員工」按鈕，輸入員工的姓名和電子郵件，並設定員工可以使用的許可權。賣家可以設定給予員工操作商店的許可權，其中不包括付款資訊、訂閱套餐等。詳細許可權如圖 5-14 所示。保存設定後，員工的電子郵件將收到啟動帳戶的郵件。員工在設定密碼並啟動帳戶後即可使用員工帳戶登入商店進行相關操作。

▲ 圖 5-14 員工許可權設定

5.2.7　商店語言、帳單和規則設定

（1）賣家在商店語言頁面中可以設定商店的預設語言。預設語言為線上
　　商店範本的顯示語言和通知語言。賣家也可以增加 50 多種語言與
　　國際客戶進行聯繫，還可以設定帳戶的後台語言。

（2）賣家在帳單頁面中可以設定支付帳單的方式、增加和更換付款方式
　　及查看帳單詳情。

（3）賣家在商店規則頁面中可以建立規則頁面。Shopify 預設提供了退
　　款政策、隱私政策、服務政策、物流政策的範本。賣家可以修改並
　　使用這些範本，以便滿足各國法律法規和推廣平台的政策要求。

5.2.8　商店元欄位設定

　　點擊「設定」→ "Metafields" 選項，即可進行元欄位設定。元欄位
設定用於在商店原有欄位不能滿足需求時，可以增加自訂欄位來擴充商
店的產品、多屬性定義。根據頁面跳躍順序點擊「元欄位連結」→「產
品連結」→「增加定義」選項，可以設定元欄位的名稱、描述、內容
類別型（如日期和時間、顏色、度量、URL 等），用於補充原有產品屬
性，以滿足產品的專門化資訊需求，如圖 5-15 所示。

　　至此，Shopify 商店的基礎設定已經全部完成。賣家就可以使用
Shopify 後台的各項功能，在之後的站內最佳化、外掛程式應用、站外
引流中不再受到基本操作的困擾。

▲ 圖 5-15 增加產品元欄位定義

網站最佳化

獨立站獲取流量的方式包括搜尋引擎最佳化、搜尋引擎行銷、社交媒體推廣等。對賣家來說，獲取流量的工作基本上可以分為網站最佳化和網站推廣。網站最佳化是搜尋引擎最佳化（Search Engine Optimization，SEO）的重要組成部分，透過合理佈局網站架構、為使用者創造優質內容等方式獲得搜尋引擎的自然排名，從而獲得更多的品牌曝光和自然流量。

賣家需要對 Shopify 網站進行網站最佳化，以滿足使用者需求，而搜尋引擎就是網站的使用者之一，並且搜尋引擎還可以幫助其他使用者發現賣家的網站和內容，因此賣家需要透過 SEO 來幫助搜尋引擎了解網站內容，以便提高網站在搜尋引擎上的排名。搜尋引擎也在不斷更新演算法策略，以下排名要素均以 Google 為例。

● 6.1 網站設計

6.1.1 扁平式網站結構

扁平式網站結構適合小型網站。從網址層面來看，它的所有網頁都在網站根目錄下，結構層次少，搜尋引擎的索引效率高，首頁對頁面的傳遞權重大。

扁平式網站結構存在網址的語義不太明顯的缺點。另外，隨著網站資料量的增加，扁平式網站結構的網頁將變得難以組織。因此，扁平式網站結構適合網頁較少的小型網站。產品數量比較少的獨立站，可以採用扁平式網站結構。扁平式網站結構如圖 6-1 所示。

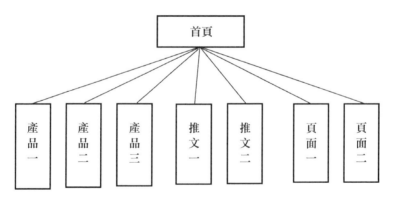

▲ 圖 6-1 扁平式網站結構

從圖 6-1 中可以看出，扁平式網站結構具有以下特點：首頁連結向所有頁面，結構層次少；產品、部落格、頁面層級沒有區分；如果網址沒有特別定義，那麼從網址上難以區分頁面內容。

對 Shopify 來説，預設範本不支援扁平式網站結構。賣家需要調整範本導覽或程式以實現該結構。

6.1.2 樹狀網站結構

樹狀網站結構適合大中型網站，它的網站根目錄下以分類或專欄的形式設定子目錄。如果網站結構更龐大，那麼還可以設定子分類，在分類或專欄下再放置屬於該分類或專欄的頁面。樹狀網站結構清晰，管理容易，網址的語義辨識度較高，雖然首頁對頁面的傳遞權重不如扁平式網站結構，但由於內鏈較多，權重傳遞也比較容易。

樹狀網站結構也不宜設定太深的目錄結構層次，否則容易導致搜尋引擎收錄效率降低、網站結構混亂、連結複雜等問題。樹狀網站結構如圖 6-2 所示。

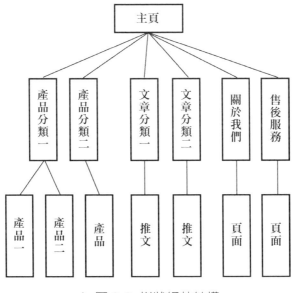

▲ 圖 6-2 樹狀網站結構

從圖 6-2 中可以看出，樹狀網站結構具有以下特點：

（1）首頁連結向所有分類首頁。

（2）首頁一般不直接連結向分類首頁下的子頁面。

　　① 所有分類首頁連結向其他分類首頁（圖中未畫）。

　　② 分類首頁都連結向網站首頁和分類首頁下的子頁面。

　　③ 子頁面與同一個分類首頁下的其他子頁面同等 ，可以互相連
　　　結，以便提升使用者體驗。

隨著網站結構的發展，也出現了一些混合網站結構，比如樹狀結構
的網站在需要特別推廣某些產品的時候，直接把產品連結設定為首頁連
結，與導覽列目同等 以提高權重傳遞，通常電子商務網站在發佈新品的
時候採用此種方式用於重點推廣。

在某些情況下，產品頁面可以用適當的關鍵字連結向其他分類的產
品頁面，用於連結推廣或熱門產品推廣。

對 Shopify 來説，預設範本幾乎都支援樹狀網站結構。賣家設定好
產品系列和導覽即可實現樹狀網站結構或混合網站結構。

6.1.3 網站索引與體驗

Google Search Console 是 Google 官方提供的搜尋主控台工具，用
於幫助網站站長衡量網站流量和排名情況，並解決相關問題，從而提升
網站排名，如圖 6-3 所示。

▲ 圖 6-3 Google Search Console

　　開啟 Google Search Console，若第一次使用則需要先增加資源，透過網域或網址字首驗證網站所有權，如圖 6-4 所示。

　　透過驗證的網站，在設定頁面中將可以查看 Google 過去的抓取統計資訊，以及 Google 抓取工具，如圖 6-5 所示。

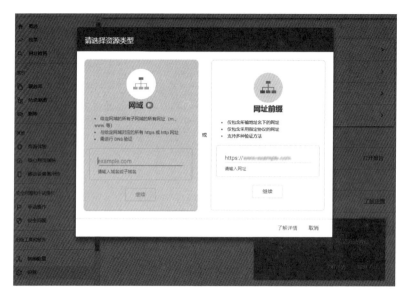

▲ 圖 6-4 增加 Google Search Console 資源

▲ 圖 6-5 設定頁面

在概述頁面中，賣家可以看到網站的覆蓋率、體驗及增強功能，可以根據頁面體驗對網站進行最佳化，如圖 6-6 所示。

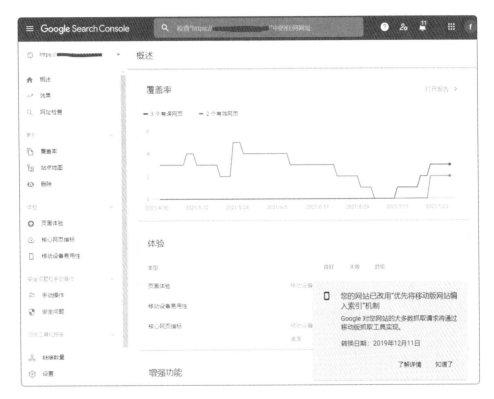

▲ 圖 6-6　概述頁面

在效果頁面中，賣家可以看到網站的總點擊次數、總曝光次數、平均點擊率、平均排名等資訊，並能夠查看熱門關鍵字的查詢數、網頁、國家 / 地區、裝置等資訊，如圖 6-7 所示。賣家可以根據相關資訊進行調整。

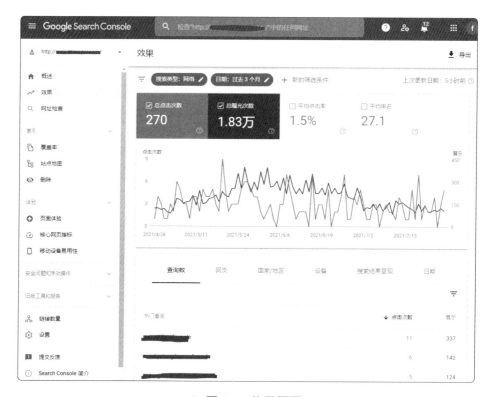 6.1 網站設計

▲ 圖 6-7 效果頁面

Google Search Console 的「索引」選項包含「覆蓋率」、「網站地圖」、「刪除」3 個子選項。其中，覆蓋率頁面可以顯示所有已知網頁的錯誤、收到警告的有效網頁、有效網頁和已排除網頁，如圖 6-8 所示。賣家可以根據相關資訊進行最佳化。

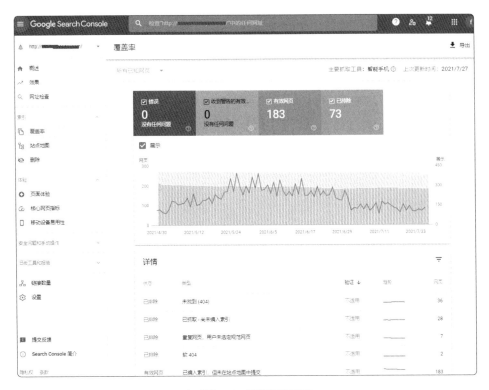

▲ 圖 6-8 覆蓋率頁面

　　在網站地圖頁面中，賣家可以提交 XML 格式的網站地圖，以便告訴 Google 應該索引的網頁，如圖 6-9 所示。

　　在刪除頁面中，賣家可以要求 Google 移除賣家禁止索引的內容，如圖 6-10 所示。

▲ 圖 6-9 網站地圖頁面

▲ 圖 6-10 要求 Google 移除索引的網址

6.1.4 響應式網站設計

響應式網站設計是根據使用者裝置顯示的參數進行自動回應和調整的網站設計方式，具體包括彈性網格、版面配置、圖片、媒體等自動排列，用一套程式實現根據使用者裝置的系統、顯示解析度、螢幕方向等不同，即時回應並向使用者顯示最佳的網頁版面配置。

響應式網站設計是為了適應行動網際網路時代不同大小的行動裝置或瀏覽器顯示而誕生的技術。與許多搜尋引擎提倡行動端和桌面端網站分離不同，Google 建議網站使用響應式網站設計。Shopify 的大部分範本均支援響應式網站設計，圖 6-11 ～圖 6-13 所示為網站在不同裝置上的顯示效果。

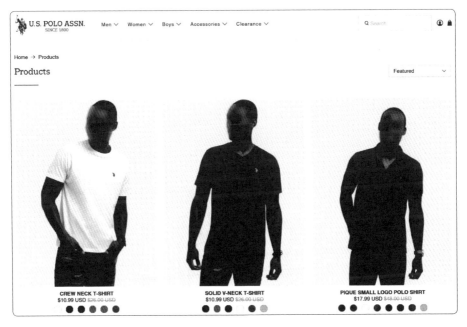

▲ 圖 6-11 網站在 PC 裝置上的顯示效果

▲ 圖 6-12 網站在 iPad 等平板裝置上的顯示效果

▲ 圖 6-13 網站在手機等行動裝置上的顯示效果

賣家可以使用 Google Search Console 提供的行動裝置適合性測試工具來測試網站是否轉換行動裝置。開啟行動裝置適合性測試工具，輸入要測試的網址或程式，點擊測試網址，將顯示網頁是否適合在行動裝置上瀏覽，如圖 6-14 所示。

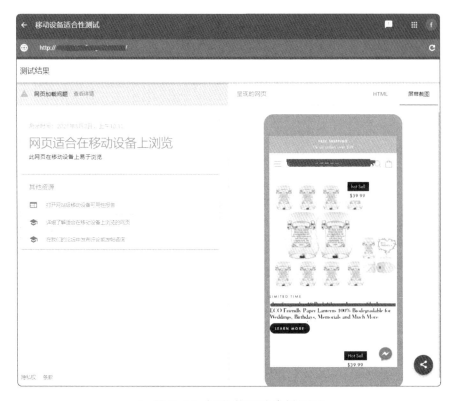

▲ 圖 6-14　行動裝置適合性測試

點擊「體驗」→「行動裝置便利性」選項，頁面將顯示行動裝置可能存在的轉換問題。賣家可以根據問題狀態和類型加以改善，如圖 6-15 所示。

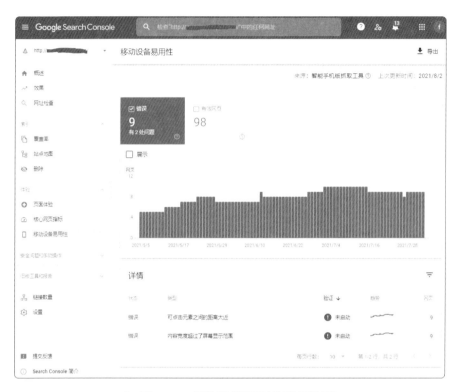

▲ 圖 6-15 行動裝置便利性問題詳情

6.2 關鍵字的選擇與研究

6.2.1 關鍵字的選擇

賣家應該選擇與產品密切相關並有人搜尋的關鍵字,透過 Google 搜尋關鍵字可以獲得一些相關關鍵字。如果賣家想要獲得更詳細的關鍵字資料,那麼可以借助 Google Ads 中的關鍵字規劃師工具來分析使用者搜尋關鍵字的多樣性,從而發現新的機會和商業價值,並擴充長尾詞。

　　Google Ads 是 Google 的競價廣告工具，支援搜尋廣告、展示廣告、視訊廣告、購物廣告等廣告類型。賣家在站外推廣的時候可能會經常使用該廣告工具。在打廣告之前，賣家可以先用它來發現新關鍵字，開啟 Google Ads 網站，點擊「工具與設定」→「規劃」→「關鍵字規劃師」選項，如圖 6-16 所示。

▲ 圖 6-16「工具與設定」下拉式功能表

　　然後，會出現兩個選項，一個是發現新關鍵字，另一個是預測關鍵字流量。點擊「發現新關鍵字」選項，輸入與業務最相關的產品或服務的關鍵字，如圖 6-17 所示，在此處可以輸入 10 個關鍵字。需要注意的是，如果預設語言是中文，預設位置是中國，那麼賣家需要根據推廣目的地將其修改為指定語言和國家。

▲ 圖 6-17　發現新關鍵字

　　此處以 handbag 為關鍵字、語言為英文、位置為全球為例，輸入關鍵字並指定語言和國家後，點擊「獲取結果」按鈕，即可查詢到與 handbag 相關的關鍵字及搜尋量等資料，如圖 6-18 所示。

　　如果賣家開啟 Google 付費廣告，那麼搜尋量資料可以精確到十位，並且還可以顯示地理位置資訊，如圖 6-19 所示。

　　關鍵字搜尋結果頁面右側的最佳化關鍵字，可用於選擇商品牌、零售商、性別、顏色等資訊。賣家可以根據需要選擇顯示的關鍵字，比如排除知名品牌，以免使用的關鍵字侵犯他人的智慧財產權。

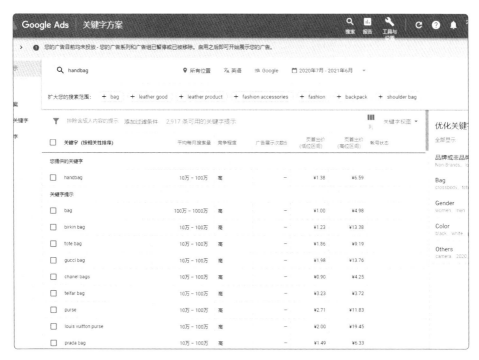

▲ 圖 6-18　Google 關鍵字規劃師的搜尋結果

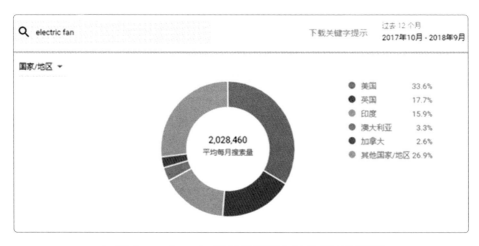

▲ 圖 6-19　Google 關鍵字規劃師的地理位置資訊

　　賣家可以根據產品定位來選擇搜尋次數多、競爭程度低的關鍵字，以降低最佳化難度。同時，選擇的關鍵字不可太寬泛。精準的關鍵字流量往往能夠符合客戶需求，從而帶來更好的排名和轉化效果。

6.2.2 關鍵字趨勢分析

　　透過 Google Trends，賣家可以了解關鍵字在全球的搜尋熱度。再以 handbag 為例，開啟 Google Trends，輸入 handbag 進行搜尋，此時預設顯示的是在美國過去 12 個月的搜尋熱度，並顯示按照區域、主題、相關查詢的排行，如圖 6-20 所示。

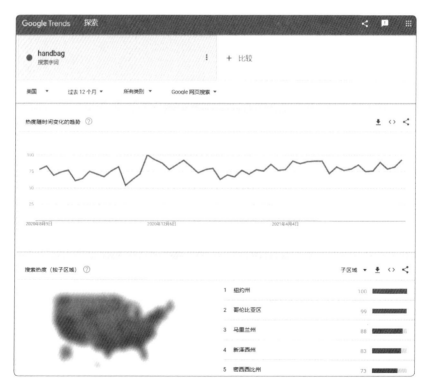

▲ 圖 6-20　Google Trends

在搜尋字詞中，賣家最多可以增加五個關鍵字進行比較。另外，由於 Shopify 可以在全球售賣，賣家可以修改搜尋區域為全球，以便發現全球潛在市場。增加 backpack 關鍵字，並設定搜尋區域為全球，再次搜尋，此時搜尋結果中將顯示兩個關鍵字熱度隨時間變化的趨勢，並且在按區域比較細分數據中，頁面會顯示搜尋熱度排行前列的國家，明顯可以看到 backpack 在絕大多數國家的搜尋熱度都遠遠高於 handbag，結果如圖 6-21 所示。

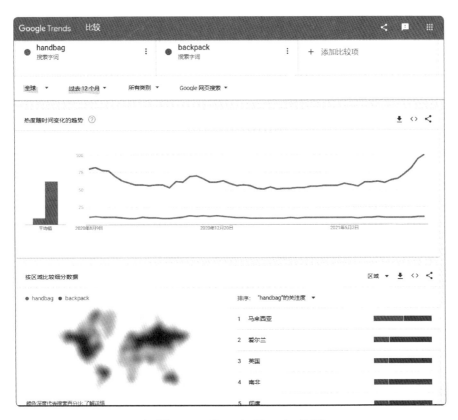

▲ 圖 6-21 Google Trends 比較

　　把頁面下拉，賣家還可以查看所比較的每個關鍵字在全球按區域顯示的搜尋熱度與搜尋量大幅上升的相關關鍵字。透過該圖示和相關查詢，賣家就容易定位潛在市場及熱門關鍵字，如圖 6-22 所示。

▲ 圖 6-22　每個關鍵字在全球的搜尋熱度

　　Google Trends 支援的資料可以追溯到 2004 年。賣家可以設定時間為過去 5 年或 2004 年至今，以便查看關鍵字的歷史變化，並發現對應產品的關鍵字的搜尋熱度隨時間變化的趨勢，如圖 6-23 所示。

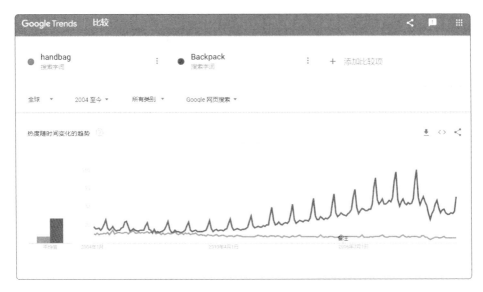

▲ 圖 6-23 關鍵字從 2004 年至今的搜尋熱度隨時間變化的趨勢

　　從圖 6-23 中可以看到，在每年的 8 月，關鍵字 backpack 的搜尋熱度都有一個飆升的趨勢，初步判斷是開學季帶來的需求。賣家如果銷售相關產品，就可以在開學季到來之前，準備相關產品並進行推廣。

6.2.3 關鍵字最佳化競爭程度分析

　　在關鍵字規劃師的搜尋結果中，賣家可以看到付費推廣的競爭程度，那麼如何判斷關鍵字最佳化競爭程度呢？

　　一般來說，關鍵字最佳化競爭與以下因素有關：

（1）搜尋結果數量。搜尋結果數量越多，說明提供相關內容的網站越多，通常競爭就越大。

（2） Intitle 結果數量。在搜尋「intitle: 關鍵字」獲得的結果中，可以看到直接競爭者數量（標題包含關鍵字的就是直接競爭者）。

（3） 廣告結果數量。通常廣告結果數量越多，最佳化越困難。

（4） 關鍵字廣告出價。通常關鍵字廣告出價越高，競爭越大。

（5） 內頁排名數量。一般來說，內頁是一個網站中權重較低的頁面，在關鍵字搜尋結果中，首頁越多，內頁越少，競爭就越大。

（6） 競爭對手情況。如果所處的產業已經被屬於領頭企業的競爭對手佔據，那麼最佳化就非常困難。

6.3 網站導覽與網頁最佳化

6.3.1 網站導覽最佳化

網站導覽即網站專欄，目標是釐清網站內容結構，引導使用者在網站內容頁面之間跳躍，讓使用者快速找到對應的內容。另外，網站導覽也給搜尋引擎提供了網站各個頁面的入口，從而讓搜尋引擎更容易抓取頁面內容。

網站導覽在網站中的顯示位置一般為網站上方和網站底部，導覽名稱應該使用文字，以便更容易被搜尋引擎辨識並傳遞權重。採用圖片、動畫、JS 程式等形式的網站導覽一般都不利於搜尋引擎抓取。

網站導覽在網站中的權重比較高,所以一般使用類目關鍵字,並且導覽 URL 同樣可以使用關鍵字。如果關鍵字為多個單字,那麼應該使用 "-" 作為連接子網址的描述性及 SEO 的友善性。除了使用類目關鍵字,賣家也可以利用導覽的權重,把主推產品作為導覽,以迅速提高主推產品的排名。

賣家在內容頁面中還可以設定麵包屑導覽,幫助使用者辨識當前頁面在網站中的位置。麵包屑導覽的形式為 Home ＞ Category ＞Pages,一般顯示在頁面左上方的導覽下,麵包屑導覽能夠有效地降低跳出率,增加網站內部連結次數,提高使用者體驗。

Shopify 的預設範本不帶有麵包屑導覽,賣家可以在 Liquid 範本中增加,開啟範本程式,在 Theme 子目錄中建立 breadcrumbs.liquid 檔案,編輯 breadcrumbs.liquid 程式如下:

```
{% unless template == 'index' or template == 'cart' or template ==
'list-collections' %}
  <nav class="breadcrumb" role="navigation" aria-label="breadcrumbs">
    <a href="/" title="Home">Home</a>
    {% if template contains 'page' %}
      <span aria-hidden="true">&rsaquo;</span>
      <span>{{ page.title }}</span>
    {% elsif template contains 'product' %}
    {% if collection.url %}
      <span aria-hidden="true">&rsaquo;</span>
      {{ collection.title | link_to: collection.url }}
    {% endif %}
    <span aria-hidden="true">&rsaquo;</span>
    <span>{{ product.title }}</span>
    {% elsif template contains 'collection' and collection.handle %}
      <span aria-hidden="true">&rsaquo;</span>
```

```
        {% if current_tags %}
          {% capture url %}/collections/{{ collection.handle }}{%
endcapture %}
          {{ collection.title | link_to: url }}
          <span aria-hidden="true">&rsaquo;</span>
          <span>{{ current_tags | join: " + " }}</span>
        {% else %}
          <span>{{ collection.title }}</span>
        {% endif %}
      {% elsif template == 'blog' %}
        <span aria-hidden="true">&rsaquo;</span>
        {% if current_tags %}
          {{ blog.title | link_to: blog.url }}
          <span aria-hidden="true">&rsaquo;</span>
          <span>{{ current_tags | join: " + " }}</span>
        {% else %}
          <span>{{ blog.title }}</span>
        {% endif %}
      {% elsif template == 'article' %}
        <span aria-hidden="true">&rsaquo;</span>
        {{ blog.title | link_to: blog.url }}
        <span aria-hidden="true">&rsaquo;</span>
        <span>{{ article.title }}</span>
      {% else %}
        <span aria-hidden="true">&rsaquo;</span>
        <span>{{ page_title }}</span>
      {% endif %}
    </nav>
{% endunless %}
```

　　在編輯完後保存。然後，在範本程式中需要呼叫麵包屑導覽的程式位置，使用 {% include 'breadcrumbs' %} 引用該程式。使用效果如圖 6-24 所示。

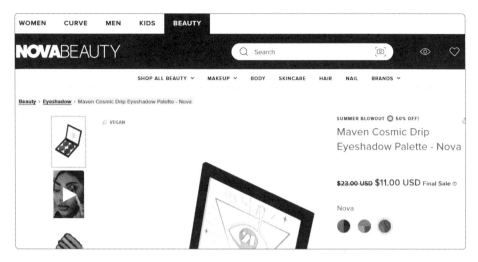

▲ 圖 6-24　麵包屑導覽的使用效果

　　另外，Shopify 支援在產品中增加標籤。賣家可以靈活地運用產品標籤，透過標籤實現多種導覽方式，從而有效地提高頁面瀏覽量，降低頁面跳出率。

6.3.2　網頁最佳化

　　除了各種靜態條款性頁面，Shopify 網站所顯示的網頁主要是產品頁面和部落格頁面，因此網頁最佳化的主要方向就是產品文案最佳化和部落格最佳化。產品文案最佳化在 6.4 節專門介紹，本節以部落格最佳化為例，網頁最佳化包括以下要點：

1. 網頁內容的時效性

　　網頁應該選擇時效性較強的內容，比如新品上市、熱門話題、重大節日活動等。這些內容可以有效地提高網站轉換率。

2. 網頁內容的持續性

網頁應該持續、有規律地更新。這不僅可以讓使用者認為網站是活躍的，也能讓搜尋引擎索引更加即時。

3. 網頁內容的相關性

網頁內容更新應該與網站的主題及所屬導覽相關，如賣家銷售運動服飾類產品，那麼更新應選擇運動類內容。

4. 網頁內容的有效性

賣家應該提供給使用者有效的頁面。無價值、無意義的頁面更新得再多也是沒用的。如果使用者覺得網頁有用，能夠瀏覽網頁並透過網頁選擇產品，那麼這樣的網頁就是有價值的。

5. 網頁中的關鍵字佈局

賣家可以在網頁中適當佈局關鍵字，以便搜尋引擎更容易索引網頁，另外可以使用關鍵字圖文連結直接指向產品，實現從瀏覽網頁到購買產品的轉化，不過網頁中的關鍵字不宜堆砌。

◎ 6.4 產品文案最佳化

產品文案是 Shopify 獨立站對客戶呈現的重要內容之一。賣家應該根據客戶的購物需求和目標市場的特點，有針對性地進行產品文案內容的整理。在產品文案的寫作中，美國廣告人路易斯提出了具有代表性的消費心理模式，整理了消費者購買產品的心理過程，即 Attention（注

意）—Interest（興趣）—Desire（欲望）—Memory（記憶）—Action（行動），簡稱為 AIDMA 法則。賣家可以使用 AIDMA 法則來寫產品文案。

6.4.1 產品文案設計

（1） Attention。在產品文案的開頭，賣家可以透過焦點圖、目標客戶群眾設計、品牌介紹等內容來引起客戶的注意。

（2） Interest。賣家可以使用場景圖、產品細節描述、協力廠商評價等來觸發客戶興趣。

（3） Desire。賣家可以對購買產品的好處和客戶的痛點進行設計（如購買產品有什麼好處、能解決什麼痛點），並搭配對應的客戶評價。

（4） Memory。賣家可以強化非使用價值，如品牌價值、擁有後的感覺、帶來的價值、購買的理由等。

（5） Action。賣家可以發出購買號召，可以使用節日促銷、優惠、秒殺等方式告訴客戶為什麼立刻就需要買，替客戶做決定。

（6） 其他。購物須知，告訴客戶運費、發貨時效、物流方式、售後服務等細節，打消客戶的顧慮，並推薦關聯產品。

關於產品文案設計，筆者做了以下整理，見表 6-1。

表 6-1 產品文案

目的	內容
引起注意	焦點圖（引發興趣）
	目標客戶群眾設計，即給誰用
	品牌介紹（也可放到最後）
觸發興趣	場景圖（觸發潛在需求）
	為什麼購買（好處設計）
	為什麼購買（解決痛點設計）
喚起消費欲望	產品詳情（逐步信任）
	同類型產品比較（價格、價值）
	客戶評價
	協力廠商評價（產生信任）
加強記憶	強化非使用價值，增加信任
	擁有後的感覺
	給客戶購買的理由（帶來的價值）
	給掏錢的人購買的理由（送戀人、父母、長官、朋友）
促進行動	發出購買號召（為什麼購買？為什麼立刻購買？）
	優惠、折扣、限時、絕無僅有
其他	購物須知（運費、發貨時效、物流方式、售後服務等）
	關聯產品推薦

　　產品非使用價值的文案設計包括與提升職業形象是否有關係、與提升個人形象是否有關係、用作禮物是否有面子、對家庭成員是否有幫助、對親朋好友是否有幫助、對工作夥伴是否有幫助、產品和使用者的性格關係、是否有升值和收藏價值、能表達什麼感情和情意、特殊點是什麼。

6.4.2 產品文案傳播

產品文案應該便於分享和傳播。賣家可以透過社交媒體接觸國外的「網紅」、KOL、機構、媒體等內容創造者和傳播者，對傳播者進行分層管理，建構內容生態，確保內容產出的數量和品質。對賣家來説，便於採取的方式如下：

（1）使用 Fiverr 應用尋找國外行銷機構和人員，進行產品文案的產出和傳播。

（2）使用 Tomonson 網站尋找國外的「網紅」，進行產品文案的傳播。

（3）使用 Shopify 應用市場的 Affiliate 應用管理聯盟行銷。

（4）使用 Facebook、Instagram 等社交媒體首頁進行 DTC 傳播。

（5）使用 Google Ads、Facebook Ads 等付費行銷工具。

◉ 6.5 使用者行為與反向連結

Google 一直致力於改善使用者的搜尋體驗。透過使用者的搜尋記錄和行為來判斷網站需要最佳化的環節是非常有意義的。賣家可以使用 Google Analytics 來記錄使用者的基本資訊和瀏覽行為。

在第一次登入 Google Analytics 時，需要增加媒體資源，點擊「管理」→「建立帳號」→「建立媒體資源」按鈕，如圖 6-25 所示。

▲ 圖 6-25　建立帳號和媒體資源

　　在建立好媒體資源後，點擊「追蹤資訊」→「追蹤程式」選項，獲得追蹤 ID 及程式，如圖 6-26 所示。

　　追蹤程式也支援 Google 追蹤程式管理器增加。如果賣家熟悉範本程式，那麼使用 Google 追蹤程式管理器可以更方便地管理各類追蹤程式，包括且不限於 Google Analytics、Google Ads、Facebook Pixel 等程式。在增加 Google 追蹤程式管理器後，賣家只需要在 Google 追蹤程式管理器中增加各種變數、追蹤程式及觸發器即可，如圖 6-27 所示。

▲ 圖 6-26 追蹤 ID 及程式

▲ 圖 6-27 使用追蹤程式管理器管理各類追蹤程式

　　Shopify 後台的偏好設定預設支援 Google Analytics 帳戶，只有 Shopify Plus 版本支援 Google 追蹤程式管理器連接。如果賣家使用的套餐低於 Shopify Plus 版本，那麼需要手動修改 Liquid 檔案和範本程式，而且即使修改完也無法完整支援 Google 追蹤程式管理器。因此在此處不再詳細介紹 Google 追蹤程式管理器，直接將追蹤 ID 填入 Shopify 後台銷售通路的偏好設定中，如圖 6-28 所示。

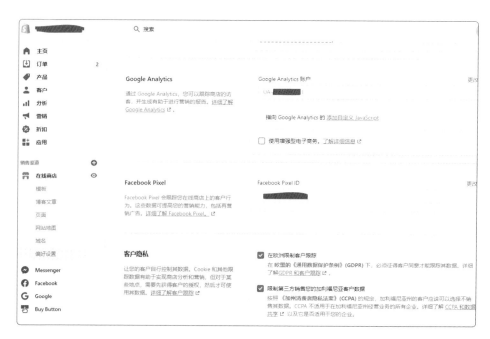

▲ 圖 6-28　在 Shopify 後台增加 Google Analytics 的追蹤 ID

在增加追蹤 ID 後，Google Analytics 就可以追蹤 Shopify 的網站存取資訊，如圖 6-29 所示。

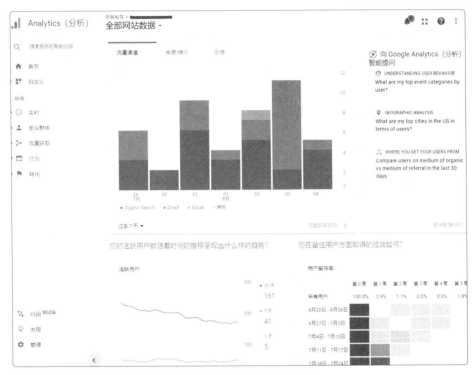

▲ 圖 6-29　在 Google Analytics 中查看網站存取資訊

6.5.1 受眾群眾總覽

在 Google Analytics 的受眾群眾總覽頁面中，賣家可以查看網頁瀏覽量、受眾特徵、語言等資訊，如圖 6-30 所示。

▲ 圖 6-30 受眾群眾總覽頁面

賣家可以透過「受眾群眾」選項查看受眾群眾的詳情，可以查看的資訊包括受眾特徵、興趣、地理位置等，以便根據需要調整網站。

6.5.2 流量獲取總覽

在 Google Analytics 的流量獲取總覽頁面中，賣家可以查看網站的流量來源（熱門通路）。流量來源預設分為 Organic Search（自然搜尋）、Direct（直接存取）、Social（社交媒體）、Referral（引薦流量），如圖 6-31 所示。

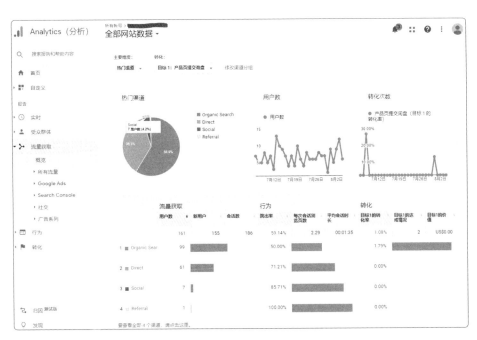

▲ 圖 6-31 流量獲取總覽頁面

如果賣家使用了 Google Ads，那麼還可以在 Google Analytics 的左側選單中連結 Google Ads 帳戶，從而查看廣告系列和關鍵字帶來的流量。

6.5.3 行為總覽

在 Google Analytics 的行為總覽頁面中，賣家可以查看全部網站資料，如網頁瀏覽量、平均頁面停留時間、跳出率等，如圖 6-32 所示。

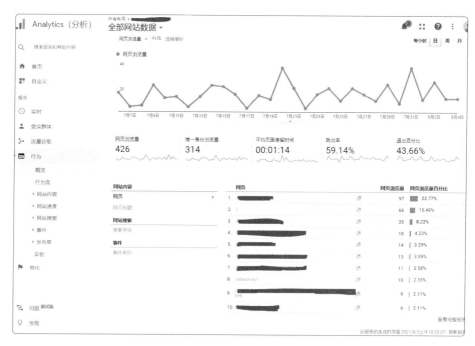

▲ 圖 6-32 行為總覽頁面

在行為流頁面中，賣家可以看到使用者在網站中的行為軌跡，即從初始瀏覽到最終跳出的所有瀏覽頁面，如圖 6-33 所示。

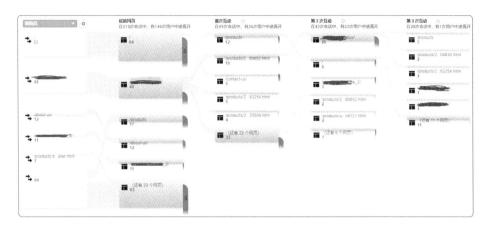

▲ 圖 6-33　行為流頁面

　　在網站內容頁面中，賣家可以看到所有頁面的網頁瀏覽量、平均頁面停留時間和跳出率等資訊，如圖 6-34 所示。賣家可以根據這些資訊對網站進行最佳化。

網頁	网页浏览量 ↓	唯一身份浏览量	平均页面停留时间	进入次数	跳出率	退出百分比	网页价值
	519 占总数的百分比 100.00% (519)	377 占总数的百分比 100.00% (377)	00:01:16 平均浏览次数 00:01:16 (0.00%)	215 占总数的百分比 100.00% (215)	63.26% 平均浏览次数 63.26% (0.00%)	41.43% 平均浏览次数 41.43% (0.00%)	US$0.00 占总数的百分比 0.00% (US$0.00)
1. ▨	87 (16.76%)	52 (13.79%)	00:01:37	48 (22.33%)	29.17%	41.38%	US$0.00 (0.00%)
2. / ▨	71 (13.68%)	57 (15.12%)	00:02:51	53 (24.65%)	73.58%	67.61%	US$0.00 (0.00%)
3. /products/20200518180652.html ▨	18 (3.47%)	15 (3.98%)	00:01:20	2 (0.93%)	100.00%	38.89%	US$0.00 (0.00%)
4. ▨	17 (3.28%)	11 (2.92%)	00:00:37	11 (5.12%)	27.27%	35.29%	US$0.00 (0.00%)
5. /about-us/ ▨	16 (3.08%)	15 (3.98%)	00:03:05	12 (5.58%)	58.33%	56.25%	US$0.00 (0.00%)
6. /news/ ▨	15 (2.89%)	2 (0.53%)	00:00:08	0 (0.00%)	0.00%	0.00%	US$0.00 (0.00%)
7. /products/20190124204830.html ▨	11 (2.12%)	9 (2.39%)	00:00:25	4 (1.86%)	50.00%	18.18%	US$0.00 (0.00%)
8. /products/20190126125604.html ▨	11 (2.12%)	10 (2.65%)	00:02:07	4 (1.86%)	100.00%	54.55%	US$0.00 (0.00%)
9. /products/20200518163254.html ▨	11 (2.12%)	9 (2.39%)	00:00:55	2 (0.93%)	0.00%	0.00%	US$0.00 (0.00%)
10. ▨	11 (2.12%)	5 (1.33%)	00:00:21	2 (0.93%)	0.00%	9.09%	US$0.00 (0.00%)

▲ 圖 6-34　網站內容頁面

6.5.4 社交媒體引用

Shopify 的範本支援使用者在社交媒體中分享網站和產品時展示頁面配圖,其中產品頁面、產品系列頁面和部落格文章頁面均能自動顯示配圖。如果頁面沒有配圖,那麼賣家可以在偏好設定頁面中增加社交分享圖片,如圖 6-35 所示。

▲ 圖 6-35 增加社交分享圖片

如果賣家沒有手動上傳社交分享圖片,那麼 Shopify 將預設使用網站 Logo。如果賣家沒有指定網站 Logo,那麼 Shopify 會應用背景顏色填充所需顯示的區域。

6.5.5 反向連結

反向連結是指網頁與網頁之間的相互連結,包括內鏈和外鏈。

內鏈是同一域名的網站內容頁面之間的連結。賣家透過專欄、標籤、網頁關鍵字連結等可以增加內鏈。

外鏈是指從其他網站中匯入到我們的網站的連結。外鏈的最初形式是網址導覽。賣家可以透過在其他網站中增加自己網站的友情連結、發佈帶有關鍵字連結的內容等形式增加外鏈。增加外鏈一直是網站最佳化時最重要的過程，作用一般表現為提高網站權重、增加網站流量、提高關鍵字排名等，發佈的途徑包括友情連結、B2B 頁面、部落格文章、部落格評論、社區留言、社交媒體連結等。

反向連結的主要作用有以下幾個：

（1）提高搜尋引擎的索引效率。

（2）傳遞網站中不同網頁的權重。

（3）提高連結的關鍵字排名。

（4）提高客戶存取網站的體驗。

（5）增加網頁被點擊的機會，增加存取量。

使用反向連結時的注意事項有以下幾個：

（1）反向連結的數量通常越多越好，但品質高於數量。

（2）反向連結頁面的權重越高，反向連結的品質越高。

（3）反向連結頁面本身越重要、越相關，反向連結的品質越高。

（4）反向連結的文字及前後臨近文字越相關，反向連結的品質越高。

（5）反向連結在頁面中的位置越重要，反向連結的品質越高。

（6）反向連結所處的頁面中匯出連結越少，反向連結的品質越高。

（7）客戶點擊反向連結後在網站的停留時間越長，反向連結的效果越好。

（8）反向連結的流量越高，反向連結的效果越好。

（9）來自 gov、edu、org 等域名的高權重網站的反向連結品質較高。

（10）反向連結的數量應保持穩定增加。

🔘 6.6 其他最佳化與最佳化工具

6.6.1 網站存取速度與安全性

網站造訪速度一般與伺服器性能、回應速度、位置、頻寬、網站程式、網站內容多少及安全性等因素有關。一般可以進行以下最佳化：

（1）選擇設定適中的伺服器。Shopify 本身提供伺服器，賣家無須考慮設定。

（2）最佳化伺服器回應速度。除非安裝過多的應用，Shopify 的回應速度是足夠快的。

（3）最佳化伺服器位置。Shopify 在全球都部署了伺服器節點，以歐美為主。

（4）最佳化伺服器的頻寬。Shopify 的頻寬足夠，並且有 CDN（Content Delivery Network，內容分發網路）加速，一般也無須考慮。

（5）最佳化網站程式。除非安裝過多的應用，Shopify 網站的程式效率也是比較高的。

（6）最佳化網站內容。賣家可以透過壓縮網站圖片等方式加快存取速度。

（7）最佳化網站的交易安全性。Shopify 預設提供 SSL 安全證書。

　　賣家可以使用 Google 網頁性能最佳化工具 PageSpeed Insights 來檢測網站內容及程式所需最佳化的情況。開啟 PageSpeed Insights，輸入要檢測的網址，如圖 6-36 所示。

▲ 圖 6-36　PageSpeed Insights

　　在點擊「分析」按鈕後，該工具將自動定向到要檢測的網址，並進行行動裝置和桌面裝置的性能最佳化分析。分析結果將分為網站的表現評分、最佳化建議、診斷結果及已通過的審核。從整體結果中來看，Shopify 的部分範本存在最佳化空間。

表現評分為綜合分數，其中 90 ～ 100 分為優秀，50 ～ 89 分為一般，0 ～ 49 分為差。賣家可以透過表現評分了解網站的性能表現，如圖 6-37 所示。

▲ 圖 6-37 網站的表現評分

最佳化建議可以幫助網站提高網頁載入速度，如圖 6-38 所示。

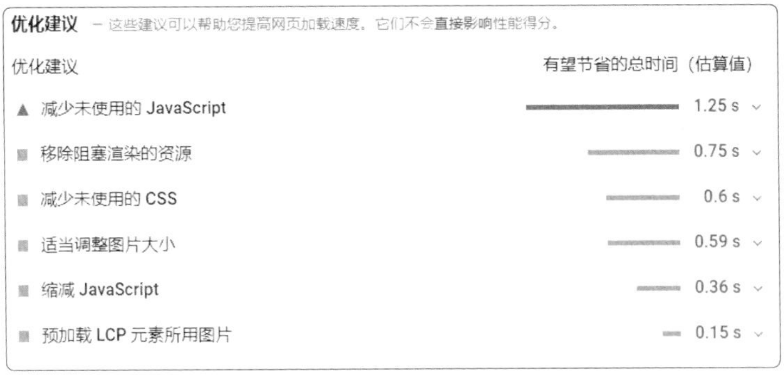

▲ 圖 6-38　網站的最佳化建議

　　診斷結果顯示了網頁可以執行的性能最佳化。賣家可以根據相關診斷進行網頁最佳化，如圖 6-39 所示。

▲ 圖 6-39　網站的診斷結果

已通過的審核顯示的是當前網頁已經採取過的最佳化措施,如圖 6-40 所示。

已通过的审核 (17)

- 推迟加载屏幕外图片 — 有望节省 2 KiB
- 缩减 CSS
- 对图片进行高效编码
- 采用新一代格式提供图片
- 启用文本压缩
- 预先连接到必要的来源
- 初始服务器响应应用时较短 — 根文档花费了 160 毫秒
- 避免多次网页重定向 — 有望节省 630 毫秒
- 预加载关键请求
- 使用视频格式提供动画内容
- 请移除 JavaScript 软件包中的重复模块
- 应避免向新型浏览器提供旧版 JavaScript — 有望节省 12 KiB
- 避免网络负载过大 — 总大小为 858 KiB
- 避免 DOM 规模过大 — 483 个元素
- 使用 Facade 延迟加载第三方资源
- 请勿使用 document.write()
- 避免使用未合成的动画

▲ 圖 6-40 已通過的審核

賣家可以使用網站全球載入速度檢測工具 GeoPeeker 和站長工具 ChinaZ 的「國際測速」標籤來測試網站在全球的載入速度。

GeoPeeker 顯示了網站在新加坡、巴西、美國維吉尼亞州、美國加州、愛爾蘭、澳洲等區域的載入速度,如圖 6-41 所示。

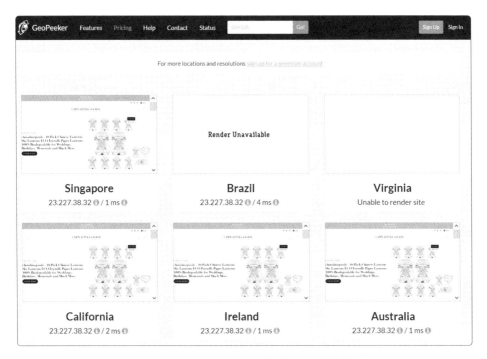

▲ 圖 6-41 GeoPeeker 全球載入速度檢測

　　站長工具 ChinaZ 的「國際測速」標籤則能夠顯示全球數十個節點的總耗時、解析時間、連線時間等資訊，如圖 6-42 所示。

　　從全球測速結果來看，Shopify 的全球載入速度是足夠快的。

監測點	解析IP	HTTP狀態	總耗時	解析時間	連接時間	下載時間	文件大小	下載速度	操作
韓國CN2	超时(重试)	-	-	-	-	-	-	-	ping tracert
中國香港	23.227.38.32	301	86ms	21ms	38ms	27ms	-KB	-KB	ping tracert
日本東京	23.227.38.32	301	421ms	51ms	193ms	177ms	-KB	-KB	ping tracert
美國	23.227.38.32	301	315ms	56ms	131ms	128ms	-KB	-KB	ping tracert
中國台灣	超时(重试)	-	-	-	-	-	-	-	ping tracert
韓國	23.227.38.32	301	765ms	206ms	319ms	240ms	-KB	-KB	ping tracert
美國	23.227.38.32	301	226ms	43ms	94ms	89ms	-KB	-KB	ping tracert

▲ 圖 6-42 站長工具 ChinaZ 的「國際測速」標籤

6.6.2 錯誤頁面設定與頁面轉向

頁面的錯誤一般分為伺服器錯誤和網頁錯誤。以 5 開頭的錯誤程式代表伺服器錯誤，以 4 開頭的錯誤程式代表網頁錯誤。對賣家來說，一般無須擔心 Shopify 的伺服器錯誤。對於網頁錯誤，401、402、403 錯誤一般是許可權設定導致的存取錯誤，404 錯誤是賣家可以處理的常見錯誤。

404 錯誤指的是當網頁不存在時顯示給訪客的錯誤。Shopify 範本預設提供了 404 頁面顯示，並提供了回到首頁的導覽，如圖 6-43 所示。

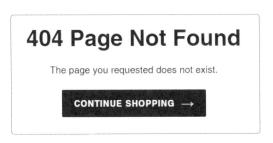

▲ 圖 6-43　Shopify 的 404 頁面顯示

這類錯誤一般是在產品下架、內容刪除後，訪客仍透過搜尋引擎、外鏈等造訪頁面導致的。賣家可以透過檢測工具 Xenu 或站長工具 ChinaZ 的死鏈檢測來檢測網站的所有連結，如圖 6-44 所示。

▲ 圖 6-44　站長工具的死鏈檢測

對於檢測到的失效連結，賣家應該即時處理，並提交給 Google，讓其不再索引。

常用的應用介紹

Shopify App Store 提供了高達數千個應用,並且應用的數量還在不斷增加。這些應用能夠幫助賣家選擇商品、設計商店、提高商店營運效率、提高行銷轉化效果、追蹤貨物的配送品質和客戶服務品質等。本章將介紹商店常用的應用。

◉ 7.1 基礎功能應用

7.1.1 多管道社交登入應用

　　社交登入應用便於客戶在 Shopify 購物時,直接使用 Facebook、Google 等國外常用的帳戶登入商店,省去了註冊帳戶的過程,能有效地提高客戶留存率。在 Shopify App Store 中搜尋 Social Login(社交登入),可以找到多款社交登入應用,本節以 One Click Social Login 為例。

　　在搜尋結果中點擊 "One Click Social Login" 選項，在開啟的新頁面中將顯示該應用的介紹及費用。賣家可以看到該應用整合了 Facebook、Twitter、Google、LinkedIn、Amazon、Steam、Microsoft、Yahoo! 等國外十多種常用的帳戶。One Click Social Login 的定價分為基本計畫、標準計畫和專業計畫，如圖 7-1 所示。

▲ 圖 7-1　One Click Social Login 的定價

　　如果僅用於社交登入，那麼賣家只需要選擇基本計畫。如果還需要客戶圖表和分析或透過 CSS（Cascading Style Sheets，層疊樣式表）為社交登入按鈕增加更多自訂樣式，那麼賣家可以選擇標準計畫或專業計畫。點擊 "Add App"（增加應用）按鈕增加應用，預設將選擇基本計畫，如圖 7-2 所示。

　　點擊「批准訂閱」按鈕後，就增加好了該應用。然後，在商店的註冊和登入頁面中將出現社交媒體登入選項，如圖 7-3 所示。

▲ 圖 7-2 增加該應用

Login

f Facebook Login	🐦 Twitter Login
G Google Login	in Linkedin Login
🔑 Steam Login	Line Login
🎵 Spotify Login	Microsoft Login
Y Yahoo Login	a Amazon Login

By clicking any of the social login buttons you agree to the terms of privacy policy described here

☐ Subscribe to the Newsletter

Email

Password

Forgot your password?

SIGN IN

Create account

▲ 圖 7-3 社交媒體登入選項

　　賣家如果選擇了標準計畫或專業計畫，那麼點擊該應用還可以設定登入視窗的字型和樣式（如圖 7-4 所示）與查看透過各社交媒體登入網站的客戶數量等，如圖 7-5 所示。

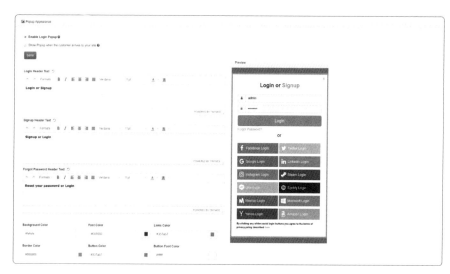

▲ 圖 7-4　設定登入視窗的字型和樣式

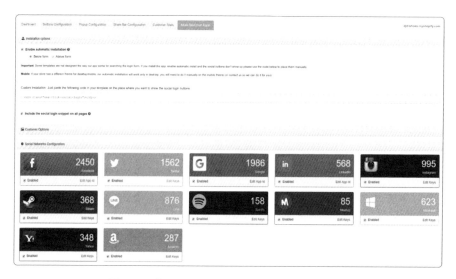

▲ 圖 7-5　查看透過各社交媒體登入的客戶數量

7.1.2 多語言翻譯與貨幣換算應用

在 Shopify App Store 中搜尋 Translate（翻譯），可以找到翻譯應用，選擇 G|translate。該應用使用 Google 翻譯服務，支援幾乎所有語言的翻譯，並且即使使用免費版，也沒有字數和瀏覽量限制，而付費版則具有神經機器翻譯、搜尋引擎索引（SEO）、編輯翻譯等功能。G|translate 的價錢如圖 7-6 所示。

▲ 圖 7-6 G | translate 的價錢

點擊 "Add App" 按鈕增加應用後，開啟 G | translate，頁面如圖 7-7 所示，可以設定 G | translate 的顯示、翻譯的來源語言、是否自動根據瀏覽器語言翻譯，以及預設可選語言等。

在 Shopify App Store 中搜尋 Currency（貨幣），選擇 "MLV:Auto Currency Switcher" 選項。該應用同樣有免費和付費計畫，其中免費版即可支援貨幣選擇器，支援 200 多種貨幣，如圖 7-8 所示。

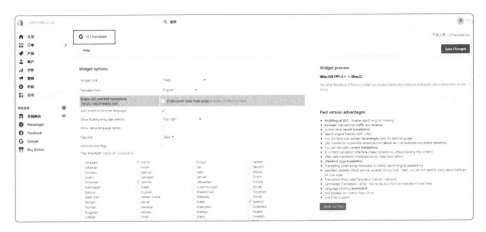

▲ 圖 7-7 G | translate 設定

▲ 圖 7-8 MLV: Auto Currency Switcher 的價錢

　　點擊 "Add App" 按鈕，然後按照指示的步驟操作，如圖 7-9 所示，可以將該應用整合到商店中。

▲ 圖 7-9　增加 MLV: Auto Currency Switcher

　　在 Shopify 的應用頁面中找到 MLV: Auto Currency Switcher，可以看到該應用整合後已經是開啟的狀態。賣家可以手動關閉該應用，還可以進行 Currencies List（貨幣清單）、Pricing Rules（價格規則）等設定，如圖 7-10 所示。

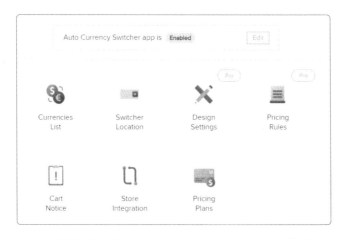

▲ 圖 7-10　MLV: Auto Currency Switcher 設定

在多語言翻譯與貨幣換算應用安裝完成後，商店首頁的右上方就顯示了語言和貨幣切換，如圖 7-11 所示，網站可以根據客戶的瀏覽器自動切換，客戶也可以根據自身語言和貨幣需求手動切換。

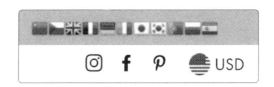

▲ 圖 7-11　商店首頁的右上方顯示語言和貨幣切換

7.1.3　選擇商品上架與訂單處理應用 Oberlo

Oberlo 是 Shopify 官方發佈的一款 Dropshipping（代發貨）應用，將成千上萬家供應商的產品直接搬到 Shopify 商店中，支援批次化處理訂單、追蹤訂單等功能，並且賣家不需要提前備貨，不用擔心包裝和運輸。該應用受到大量代發貨賣家的歡迎，透過 Oberlo 銷售的產品已達上億件。

在 Shopify App Store 中搜尋並安裝 Oberlo，開啟 Oberlo，預設頁面為英文頁面，不支援中文。點擊 "Settings"（設定）按鈕，先對 Oberlo 進行以下設定：

（1）在 General（一般）設定中，賣家可以設定產品的發佈狀態、是否含稅、尺寸單位、訂單自動通知、產品庫存和價格同步等。

（2）在 Pricing rules（定價規則）設定中，賣家可以設定原價格的倍數或比較價格倍數，也可以進行加價比較的進階設定，並且可以設定價格尾數。

（3）在 Suppliers（供應商）設定中，賣家可以設定供應商的運輸方式
　　或選擇預設的運輸方式等。

　　在設定完成後，點擊 Oberlo 左側選單的 "Import List"（匯入產品
清單）選項，可以透過產品 URL 或 ID 增加產品。賣家到 AliExpress 上
找到要上傳的產品，複製網址，然後點擊 "ADD BY URL OR ID"（透過
URL 或 ID 增加）按鈕，輸入 Product URL，如圖 7-12 所示。

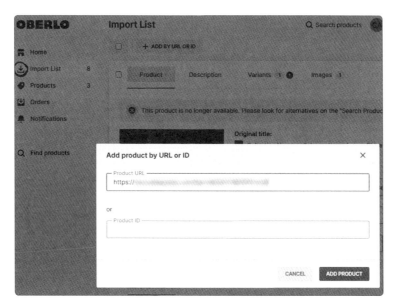

▲ 圖 7-12　透過 Product URL 或 ID 增加產品

　　在增加產品後，在 Import List 頁面即可看到該產品，並且可以編輯
產品的標題、分類、標籤、描述、變體、價格、圖片等資訊，如圖 7-13
所示。

　　在編輯完成後，選中要發佈的變體，點擊頁面右上方的 "IMPORT
TO STORE"（匯入到商店）按鈕，或批次選擇要發佈的產品，選擇頁面

左上方的 "IMPORT ALL TO STORE"（匯入全部到商店）按鈕，即可將
產品發佈到 Shopify 商店，如圖 7-14 所示。

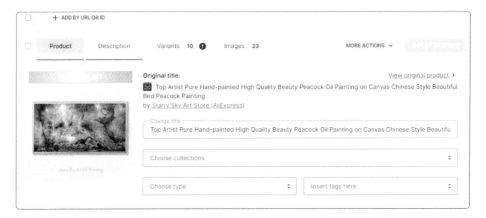

▲ 圖 7-13　在 Oberlo 中編輯產品

▲ 圖 7-14　透過 Oberlo 發佈產品到商店

　　產品在發佈後將顯示在 Shopify 商店中，賣家也可以從 Oberlo 的 Products（產品）頁面中看到已發佈的產品，並且 Oberlo 也支援從 Shopify 中匯入產品，即使不是透過 Oberlo 上傳的產品也可以匯入。在 Products 頁面中，點擊 "IMPORT FROM SHOPIFY" 按鈕即可選擇要匯入的產品，匯入後關聯產品來源即可，如圖 7-15 所示。

▲ 圖 7-15　從 Shopify 中匯入產品到 Oberlo

　　在 Shopify 商店產生訂單後，使用 Oberlo 可以管理訂單。開啟 Orders，查看訂單資訊，可以增加 AliExpress 訂單編號或點擊店家的 "Order" 選項進入到連結頁面進行採購，如圖 7-16 所示。

▲ 圖 7-16　Oberlo 的訂單操作

在 Find products（發現產品）頁面中，Oberlo 提供了一個便利的選擇商品工具，並可以按照分類進行篩選。賣家可以一鍵將選好的產品匯入 Shopify 中，如圖 7-17 所示。

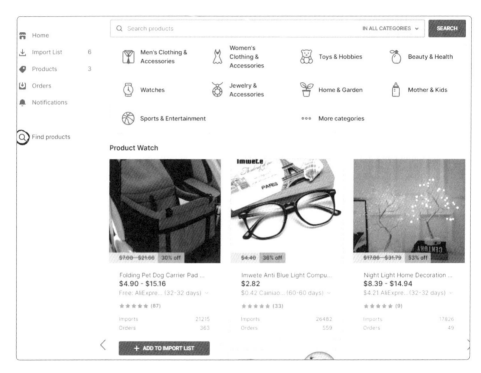

▲ 圖 7-17　Find products 頁面

7.1.4 評論應用 Product Reviews

評論應用支援在 Shopify 中增加或匯入客戶評論，此處採用 Shopify 官方應用 Product Reviews。在 Shopify App Store 中查詢並增加 Product Reviews，按照安裝說明，將以下程式增加到範本的 snippets/ product-template.liquid 檔案中。

```
<div id="Shopify-product-reviews" data-id="{{product.id}}"> {{ product.
metafields.spr.reviews }}</div>
```

增加的位置一般位於 product.description 下方，增加後該檔案對應的程式如下。

```
<div class="product-single__description rte" itemprop="description">
  {{ product.description }}
</div>

<div id="Shopify-product-reviews" data-id="{{product.id}}"> {{ product.
metafields.spr.reviews }}</div>

{% if section.settings.show_share_buttons %}
  {% include 'social-sharing', share_title: product.title, share_
permalink: product.url, share_image: product %}
{% endif %}
```

開啟 Product Reviews，點擊 "Setting" 選項進行設定。賣家可以開啟評論，設定評論郵件通知，設定評論的顏色、樣式、顯示的文字等。

在設定完成後，賣家可以回到該應用，點擊 "Import reviews"（匯入評論）按鈕，在彈出的對話方塊中點擊 "CSV template" 連結下載評論範本，如圖 7-18 所示。

▲ 圖 7-18 下載評論範本

範本是 CSV 表格形式的。賣家在該表格中填入評論的產品、狀態、星級、標題、作者、電子郵件、地點、內容、回覆、時間等參數即可，如圖 7-19 所示。

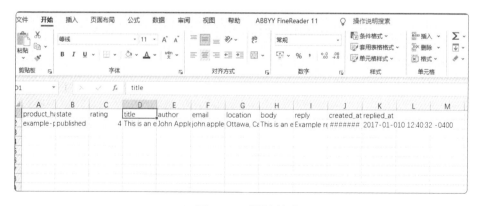

▲ 圖 7-19 評論範本

填寫好範本後，點擊「選擇檔案」按鈕上傳填好的表格，再點擊 "Import reviews" 按鈕，之後產品清單中對應的產品下方將顯示評論星級，如圖 7-20 所示，產品頁面也將顯示評論，如圖 7-21 所示。

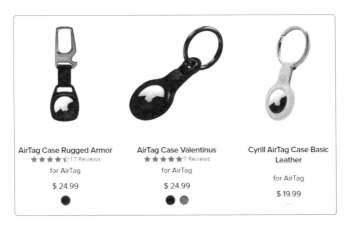

▲ 圖 7-20 產品下方顯示的評論星級

▲ 圖 7-21 產品頁面顯示的評論

如果賣家需要帶有照片或視訊的評論，那麼可以使用 Judge.me 等評論應用。需要注意的是，Shopify 雖然支援匯入評論，但是在使用 Google 或 Facebook 廣告工具推廣商店時，虛假評論依然可能被拒絕審核，因此賣家還是應該用產品或服務換取客戶的真實評論。

7.1.5 電子郵件應用

　　Shopify Email 是一款 Shopify 官方推出的發送促銷資訊等內容的郵件應用。在 Shopify App Store 中搜尋並安裝 Shopify Email，開啟應用後，點擊「建立電子郵件」按鈕，即可開啟建立電子郵件頁面，如圖 7-22 所示。

▲ 圖 7-22 建立電子郵件頁面

　　在該頁面中可以看到，Shopify Email 支援每月發送 2500 封免費電子郵件，並且支援線上商店、產品重新入庫、促銷公告、分期付款等多

種郵件範本。賣家點擊需要使用的郵件範本,可以設定收件人、主題、
預覽文字、寄件者、郵件內容等,如圖 7-23 所示。

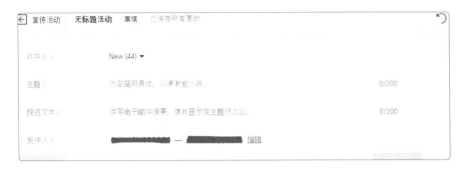

▲ 圖 7-23 郵件基本設定

　　郵件內容支援豐富文字編輯,預設每個分區都可以單獨設定內容,
如圖 7-24 所示。

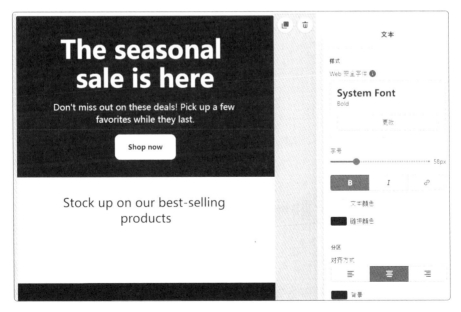

▲ 圖 7-24 郵件內容編輯

如果預設分區不足或沒有所需的內容，那麼賣家可以點擊「增加分區」按鈕，增加文字、按鈕、圖片、產品、禮品卡、折扣等內容，如圖7-25 所示。

在編輯完郵件後，點擊「發送測試」按鈕預覽郵件，預覽完成後點擊「查看」→「發送」按鈕即可。

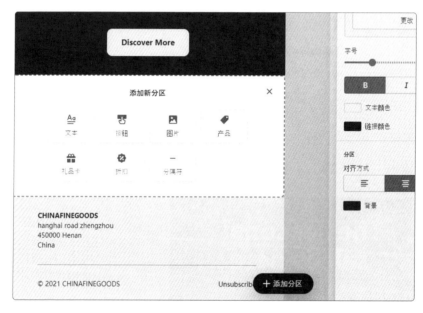

▲ 圖 7-25 增加分區

✓ 7.2 行銷活動應用

Shopify 高度依賴行銷活動引流。Shopify App Store 提供了大量的行銷活動應用。本節將結合站外付費推廣和賣家自主推廣來介紹常用的應用。

7.2.1 Feed for Google Shopping

Feed for Google Shopping 是一款即時同步 Shopify 與行銷通路的應用，支援 Google Shopping、Facebook 商店等廣告，是做付費行銷廣告所需的應用之一。該應用能夠將產品形成 Feed 資料檔案，以便在 Google Shopping 等通路展示和推廣。

賣家需要先開通 Google Ads 帳戶和 Google Merchant Center 帳戶，在安裝該應用時需要連結 Google Ads 帳戶並選擇 Merchant Center ID（商業中心 ID），如圖 7-26 所示。

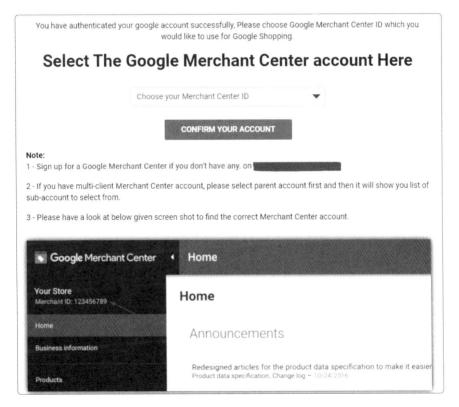

▲ 圖 7-26 連結 Google Ads 帳戶並選擇 Merchant Center ID

在確認 Merchant Center ID 後，該應用的新頁面將展示 Google Merchant Center 程式的開啟說明。點擊 "YES, I'VE ENABLED PROGRAM(S)"（是的，我啟動了程式）按鈕，該應用將驗證 Google Merchant Center 的狀態。賣家應該在 Google Merchant Center 中點擊設定按鈕，再點擊 "Business information"（商業資訊）按鈕，在彈出的頁面中驗證網站域名和所有權，如圖 7-27 所示。

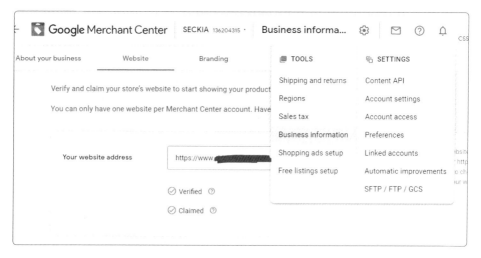

▲ 圖 7-27 在 Google Merchant Center 中驗證網站域名和所有權

在驗證通過後，賣家在 Google Ads 中建立購物廣告，即可運行 Google Shopping 廣告程式。本節只安裝和設定該應用，具體的推廣操作將在第 9 章介紹。

7.2.2 Facebook 應用

Facebook Channel 是 Shopify 官方推出的應用，用於把 Shopify 商店引入 Facebook Shops、Instagram，在 Facebook 上建立免費和付費廣告，以及在 Messenger 上與客戶聯繫。

第一次安裝 Facebook Channel 後，需要連結 Facebook 帳戶，並授權可以管理的 Facebook 粉絲頁面，在連結和授權完成後，即可以進入該應用，如圖 7-28 所示。

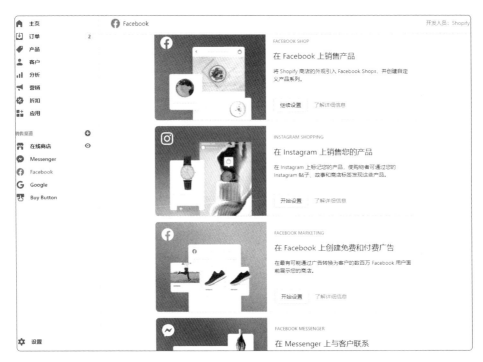

▲ 圖 7-28 Facebook 應用

　　先點擊「在 Facebook 上銷售產品」下方的「繼續設定」按鈕，按步驟連結 Facebook 帳戶、Business Manager（商務管理平台），驗證域名，授權可以管理的 Facebook 粉絲頁面，如圖 7-29 所示。

▲ 圖 7-29　設定 Facebook Shop

　　然後，繼續設定以下內容：

（1）設定資料共用，以便 Facebook 使用 Shopify 的客戶資料將產品、文章和廣告定位給客戶。

（2）設定追蹤像素，連接或新建 Facebook Pixel 以便進行存取資料追蹤。

（3）建立 Facebook 商務帳戶，在 Facebook 商務管理平台上自訂廣告系列，以便在 Facebook、Instagram 中銷售。

　　最後，確認條款和條件，完成設定即可。

　　連結其他帳戶的設定與上述設定類似。

7.2.3 社交媒體行銷應用 Outfy

Outfy 是一款輕鬆地為產品建立視訊、拼貼畫、動畫等促銷內容的應用，可以很方便地讓賣家在社交媒體上推廣商店。在 Shopify App Store 中搜尋 Outfy，找到 Outfy，可以查看 Outfy 的說明和定價。Outfy 支援免費版和付費版，免費版支援每天自動發佈兩個產品發文，並支援手動即時發佈產品，付費版則按付費等級分別支援拼貼畫、GIF 動畫、產品視訊建立和促銷等功能。Outfy 定價如圖 7-30 所示。

▲ 圖 7-30 Outfy 定價

在增加 Outfy 後，開啟 Outfy，預設頁面為英文頁面。Outfy 不支援中文，支援多商店管理。賣家可以點擊 "Add Shop" 選項增加 Shopify、Etsy、BigCommerce，甚至 eBay 商店。點擊 "Create Posts"（建立發文）下拉式功能表，可以看到 Outfy 支援建立 Products、Collage-X、GIFS、Videos 等發文。點擊 "Products" 選項，頁面將顯示在售產品，將滑鼠指標移動到在售產品上，即可顯示 Outfy 快顯功能表，其中包

括 Quick post（快速發文）、Create Promotion（建立促銷），Create Collage（建立拼貼畫）、Create Gif（建立動畫）、Create Video（建立視訊），如圖 7-31 所示。

▲ 圖 7-31 Outfy 快顯功能表

需要注意的是，在發文之前，需要先連結 Facebook、Instagram 帳戶，在連結成功後，點擊 "Quick post" 選項，即可快速發文。賣家在撰寫發文並附上標籤進行發佈後，頁面右側將顯示發文預覽。點擊 "Post Now"（現在發佈）按鈕即可將發文發佈到 Facebook 和 Instagram 中，也可以點擊 "Schedule for later"（延遲時間計畫）按鈕設定定時發佈，如圖 7-32 所示。

如果點擊 "Create Collage" 選項，那麼賣家可以直接選擇一種拼貼畫樣式，並且可以增加 Logo、新品、熱賣、免運費等標籤，還可以修改拼貼畫的背景。在建立完成後，賣家點擊 "SHARE"（共用）按鈕即可快速發文，如圖 7-33 所示。

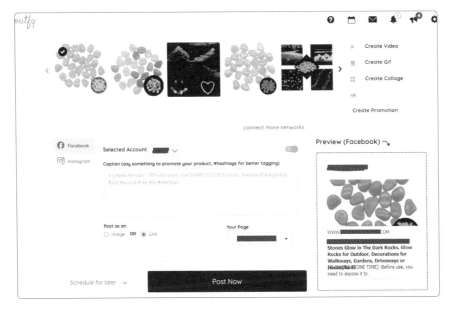

▲ 圖 7-32 Outfy 快速發文預覽

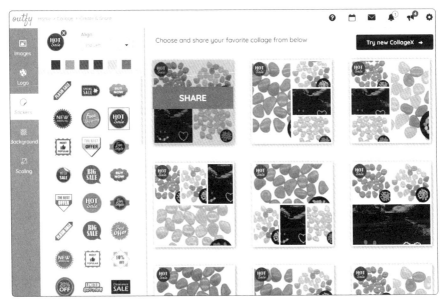

▲ 圖 7-33 發佈拼貼畫

如果點擊 "Create Gif" 選項，那麼賣家可以直接選擇一種 GIF 主題，最多增加 5 張圖片，並增加 Logo、新品、熱賣、免運費等標籤，還可以修改 GIF 動畫的切換速度。GIF 動畫最多可以切換展示 5 個產品樣式。建立完成後，點擊 "Share GIF"（共用 GIF）按鈕即可快速發文，如圖 7-34 所示。

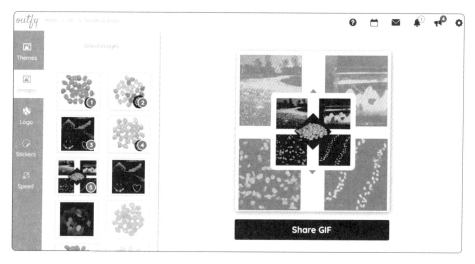

▲ 圖 7-34 發佈動畫

如果點擊 "Create Video" 選項，那麼賣家可以直接選擇一種視訊範本，從 List（清單）中選擇圖片或從本地上傳圖片，最多增加 5 張圖片。點擊 "Continue"（繼續）按鈕後，Outfy 將自動建立視訊，稍等片刻，即可看到視訊建立進度和已經建立好的視訊，如圖 7-35 所示。在建立好的視訊下方，Outfy 提供了預覽、編輯、發佈等選項，點擊 "SHARE" 按鈕即可進行視訊發佈。

點擊 "Automate"（自動化）下拉式功能表，可以設定自動發文。賣家可以設定自動發佈產品、拼貼畫、動畫、視訊等發文類型，點擊

"Create new Autopilots"（建立新的自動發文）選項，可以進行自動發
文的 General（一般）設定，設定自動發文計畫的名稱和時間等，如圖
7-36 所示。

▲ 圖 7-35　建立視訊

▲ 圖 7-36　Outfy 自動發文的一般設定

在 Primary（主要）頁面中，賣家可以設定自動發文時使用的範本、分類。在 Network（網路）頁面中，賣家可以設定分享用的社交媒體網路和首頁。在 Miscellaneous（其他參數）頁面中，賣家可以設定自動多次發文並使用不同的圖片。在 Collages 頁面中，賣家還可以設定拼貼畫的主題和背景等資訊。

點擊 "My Posts"（我的發文）下拉式功能表，賣家可以查看發文排期、計畫、活動發文等。

在 Networks 頁面中，賣家可以查看連接的社交媒體網路，並增加或刪除已連結的帳戶，如圖 7-37 所示。

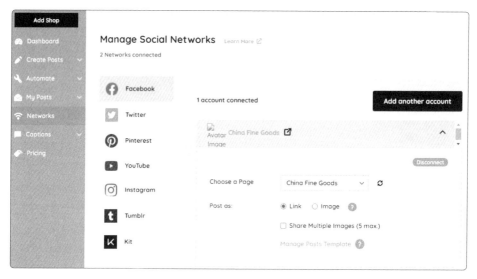

▲ 圖 7-37 Outfy 管理社交媒體網路帳戶

　　另外，在安裝 Outfy 之後，賣家還可以隨時從 Shopify 的產品清單頁面或產品編輯頁面中點擊右上方的「其他操作」下拉式功能表，快速透過 Outfy 建立發文，如圖 7-38 所示。

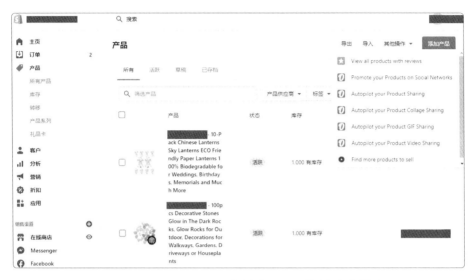

▲ 圖 7-38　在 Shopify 中透過 Outfy 快速建立發文

7.2.4　網站 SEO 應用

　　SEO Booster 是一款自動 SEO 應用，可以讓賣家在幾分鐘之內完成對 Google 的 SEO，包括 SEO 健康檢查、Meta 標籤最佳化、Google 網站地圖設定、把影像批次替換為文字、關鍵字和死鏈管理等。

　　在搜尋並增加 SEO Booster 後，在 Shopify 後台開啟 SEO Booster，預設頁面為英文頁面。SEO Booster 不支援中文，在第一次開啟時將自動測試網站的 SEO 分數，並列出修復建議，如圖 7-39 所示。

▲ 圖 7-39　SEO Booster 首頁

1. SEO Basic

Google Report 頁面顯示的是檢測的 SEO 分數，在首頁已經顯示。

Meta Tags 為 Meta 標籤，支援 Bulk Edit SEO（自動批次編輯 SEO）和 Manual Edit SEO（手動編輯 SEO）。

在 Bulk Edit SEO 頁面中，賣家可以設定每個頁面 Meta 標籤的規則，如圖 7-40 所示。

在 Manual Edit SEO 頁面中，賣家需要設定每個頁面 Meta 標籤的規則，但 SEO Booster 會列出建議和預覽，如圖 7-41 所示。

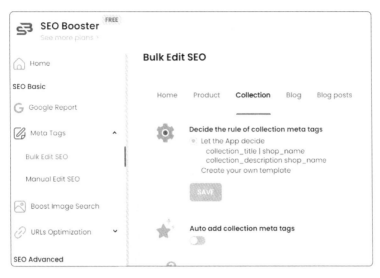

▲ 圖 7-40 Bulk Edit SEO 頁面

▲ 圖 7-41 Manual Edit SEO 頁面

　　圖片的 ALT 標籤可以在圖片無法載入的時候顯示文字，能被客戶看到，並能夠被搜尋引擎辨識和抓取。點擊 "Boost Image Search" 選項可以進行圖片的 ALT 標籤設定，賣家可以讓 SEO Booster 決定 ALT 標籤的文字，也可以手動設定 ALT 標籤範本，並能夠設定自動增加 ALT 標籤，如圖 7-42 所示。

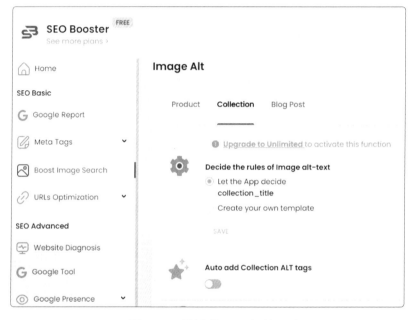

▲ 圖 7-42　圖片的 ALT 標籤設定

　　在 URLs Optimization（網址最佳化）頁面中，賣家可以檢測網站中存在的失效連結和長連結，並進行修復。

2. SEO Advanced（進階最佳化）

　　Website Diagnosis（網站診斷）是一款網站診斷工具，賣家可以主動輸入自己或競爭對手的網址進行診斷。

Google Tool（Google 工具）頁面則顯示了 Google Search Console（Google 搜尋主控台）和 Google Analytics（Google 分析）資料，在第 6 章中已經介紹。

在 Google Presence（Google 收錄）頁面中，賣家可以提交 Sitemap、測試 JSON-LD 結構化資料等。

在 Content Optimization（內容最佳化）頁面中，賣家可以檢測網站的重複內容、關鍵字排名，了解不同地區的熱門關鍵字趨勢等。

在 Internal links（內鏈）頁面中，賣家可以檢測內部連結，包括錨文字和連接次數等。

在 AMP 頁面中，賣家可以發佈 AMP 頁面，以便在行動裝置中更快地載入網頁。

7.2.5 聯盟行銷計畫應用

聯盟行銷即 Affiliate，被廣泛地運用於分層經銷、「網紅」行銷等銷售方式，透過給經銷商提供專用連結、專屬優惠券等方式，為經銷商或「網紅」快速建立優惠券，使用專屬連結為客戶提供自動折扣，讓經銷商和「網紅」均能夠獲得銷售資料和傭金，一個成功的聯盟行銷行動能夠幫助賣家在獨立站營運初期有效地開發客戶，實現指數級增長。

在 Shopify App Store 中搜尋 Affiliate，以 UpPromote: Affiliate Marketing 為例，安裝該應用，該應用的頁面為英文頁面，在第一次開啟時需要註冊帳戶，註冊完成後進入應用精靈，根據精靈提示設定預設程式、聯盟註冊連結、支付方式、Logo、品牌名稱、條款和隱私政策、

聯盟精靈、郵件範本、市場清單等，並設定測試帳戶，以便測試聯盟帳戶、連結和訂單，如圖 7-43 所示。

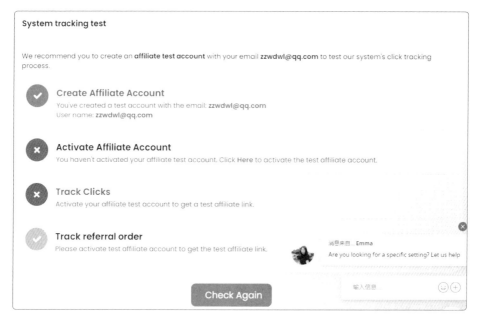

▲ 圖 7-43 設定測試帳戶

　　在設定完成後，在該應用中點擊 "Programs"（程式）選項，可以建立聯盟行銷程式，預設的標準聯盟傭金率為 10%。賣家可以根據自身產品利潤及推廣力度，點擊 "Add new" 按鈕增加新的聯盟傭金率，如圖 7-44 所示，也可以點擊 "Auto tier commission"（自動分層傭金）標籤開啟多層行銷，設定每一層的傭金率。

　　點擊「Affiliates & Coupons（聯盟和優惠券）」下拉式功能表中的 "Affiliates" 選項，賣家可以在該頁面中管理聯盟會員，點擊 "Connect Customers"（聯繫顧客）按鈕連結 UpPromote: Affiliate Marketing 現有的聯盟會員，或點擊 "Add affiliate"（增加聯盟會員）按鈕增加新的聯盟

會員，在 Affiliates list（聯盟會員列表）右側可以預覽或刪除會員，如圖 7-45 所示。

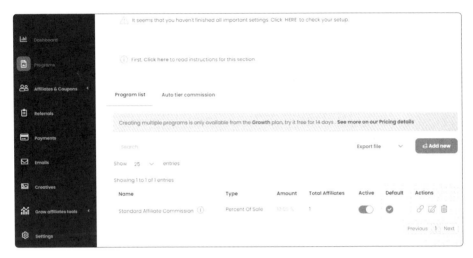

▲ 圖 7-44 設定聯盟傭金率

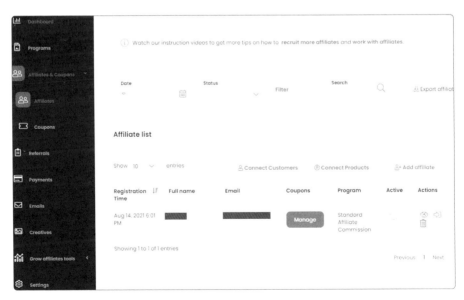

▲ 圖 7-45 管理聯盟會員

　　點擊 "Coupons"（優惠券）選項可以管理優惠券。當第一次增加優惠券時需要開啟 "Tracking by coupon"（憑優惠券追蹤）按鈕，如圖 7-46 所示。聯盟會員專屬的優惠券有利於會員前期推廣，因此前期建議開啟。點擊 "Setting" 選項，在 "Coupon" 選區中有 "Tracking by coupon" 和 "Auto-generate coupon"（自動生成優惠券）兩個按鈕。開啟第一個按鈕即可使用優惠券追蹤，開啟第二個按鈕可以自動建立優惠券，賣家可以根據需要進行選擇，然後在頁面底部點擊 "Save" 按鈕保存。

▲ 圖 7-46 "Coupon" 選區

　　點擊 "Coupons" 選項，再點擊 "Add Coupon" 按鈕，然後在新頁面中可以增加新的優惠券或使用已存在的優惠券。在新優惠券中需要填寫優惠碼和優惠類型，其中優惠類型支援優惠金額、優惠百分比和免運費。在設定完優惠券後將其分配給指定的聯盟會員即可，如圖 7-47 所示。

　　被聯盟會員推薦成交的訂單將在 Referrals（推薦）頁面中顯示，賣家可以點擊 "Referrals" 選項查看推薦清單，如圖 7-48 所示。

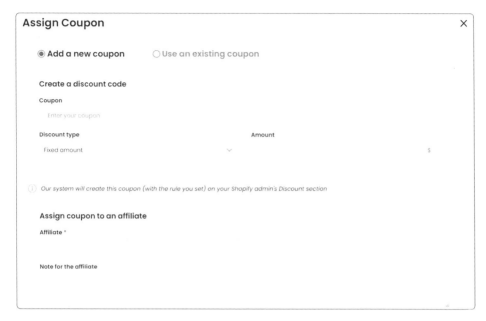

▲ 圖 7-47 增加聯盟優惠券

▲ 圖 7-48 推薦列表

　　賣家在 Referrals 頁面中可以幫助聯盟會員手動連結訂單，點擊
"Add Referral"（增加推薦）按鈕，透過 Use Order ID（使用訂單 ID）
或 Fix Amount（定額）找到指定的推薦，並填寫聯盟會員名稱或電子郵
件進行增加，如圖 7-49 所示。賣家也可以點擊 "Bulk import"（批次匯
入）標籤進行訂單的批次推薦。

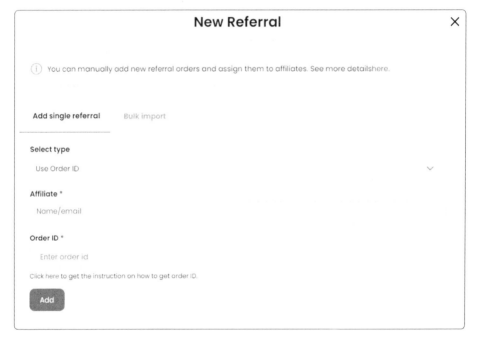

▲ 圖 7-49　增加新推薦

　　在 Payments（支付）頁面中，賣家可以為聯盟會員支付傭金。該應
用既支援自動和手動透過 PayPal 支付傭金，也支援批次處理支付事項。

　　在 Emails（郵件）頁面中，賣家可以設定聯盟的各項郵件範本，可
以設定的內容包括聯盟會員、支付方式等。

在 Creatives（創意）頁面中，賣家可以增加圖片、檔案、視訊等素材，讓聯盟會員查看或下載，以便幫助聯盟會員更進一步地推銷賣家的產品。

在 Grow affiliates tools（聯盟增長工具）頁面中，賣家可以設定選項，以便把客戶轉化為聯盟會員，並設定多層行銷等。

在 Setting（設定）頁面中，賣家可以進行聯盟設定，包括一般、分析、支付、消息等設定。其中，在 Affiliate account language（聯盟帳戶語言）中，賣家可以指定聯盟會員的語言，也可以允許會員選擇語言，包括中文，但該設定是讓聯盟會員使用的，並不能改變應用的語言。

📀 7.3 其他應用

7.3.1 訂單狀態追蹤應用

Shopify 支援跳躍到協力廠商物流平台追蹤訂單，但訂單狀態追蹤應用 Parcel Panel Order Tracking 允許已購買商品的客戶在 Shopify 商店追蹤他們的訂單，如圖 7-50 所示，無須跳躍到協力廠商物流平台的頁面，並支援電子郵件和簡訊通知，支援全球高達 800 多家快遞公司。

在 Shopify App Store 中搜尋並安裝 Parcel Panel Order Tracking 後，開啟該應用，在 Dashboard（儀表板）頁面中可以瀏覽過去 60 天的訂單狀態，訂單狀態以環狀圖片顯示，如圖 7-51 所示。

▲ 圖 7-50　訂單追蹤頁面

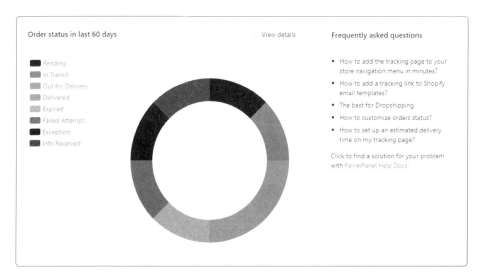

▲ 圖 7-51　過去 60 天的訂單狀態

在 Tracking Page（追蹤頁面）中，賣家可以設定訂單追蹤資訊的顯示狀態、追蹤頁面翻譯、自訂狀態、預計交貨時間、附加資訊、SEO 最佳化等，如圖 7-52 所示，在設定完成後，點擊 "Preview"（預覽）按鈕即可預覽追蹤頁面。

在 Orders（訂單）頁面中，賣家可以查看所有訂單的狀態，即最後更新的狀態。

在 Settings（設定）頁面中，賣家可以設定通知、替換追蹤連結和快速匹配快遞公司。

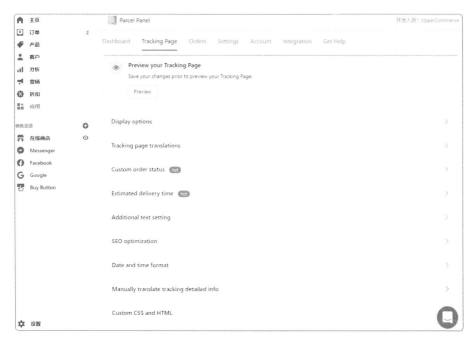

▲ 圖 7-52 追蹤頁面設定

7.3.2 產品問答應用

產品頁面的問答有助客戶了解產品、解決客戶疑問、提高轉換率。在 Shopify App Store 中搜尋並增加 Product Question and Answers，按照步驟將應用程式插入 Shopify 的主題範本中，如圖 7-53 所示，點擊 "CONTINUE"（繼續）按鈕。

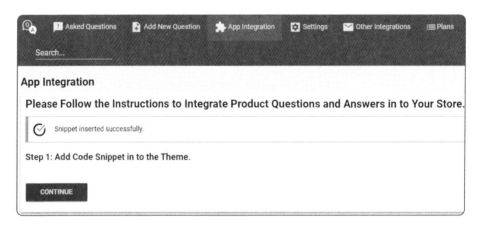

▲ 圖 7-53 插入應用程式到主題範本中

然後，繼續插入程式到產品頁面範本 product-template.liquid 需要顯示的位置，在完成後開啟該應用。在該應用中，賣家可以看到等待回答的問題，也可以增加新問題，如圖 7-54 所示。

在 Settings（設定）頁面中，賣家可以設定頁面資訊，包括提交成功提醒、郵件提醒、郵件範本等，如圖 7-55 所示。

在 Other Integrations（其他整合）頁面中，賣家可以把問答增加到郵寄清單，以便用於行銷郵件。

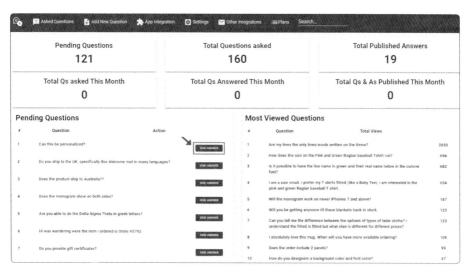

▲ 圖 7-54 問題狀態

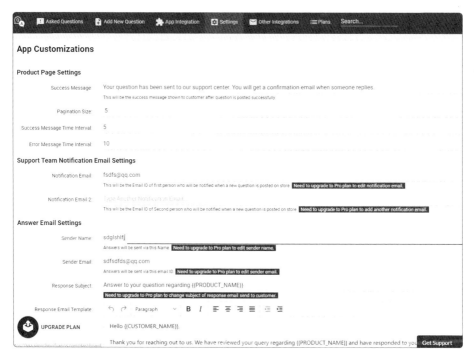

▲ 圖 7-55 Settings 頁面

Facebook 廣告

在第 1 章中已經介紹過，使用 Shopify 獨立站銷售產品的最大缺點是需要自己引流，Shopify 獨立站本身是沒有流量的。Shopify 獨立站在不同的發展階段要採用不同的引流方式。新手及小賣家可以從 Facebook 開始付費推廣，Facebook 在全球的流量僅次於 Google。賣家可以根據 Shopify 獨立站的發展情況，加入 Google 推廣、郵件行銷、「網紅」行銷等。但是，打 Facebook 廣告是一項技術含量很高的工作，賣家需要對廣告投放原理、廣告架構等知識有一定的了解，如果對這個平台一點也不了解，盲目投放廣告，那麼肯定會損失很多錢，甚至可能被 Facebook 封號。本章先釐清一些基本概念及其相互關係，再深入講解 Facebook 推廣。

✔ 8.1 基本概念

8.1.1 個人帳戶與個人首頁

　　根據 3.3 節介紹的步驟註冊後的 Facebook 帳戶便是個人帳戶。點擊 Facebook 首頁右上方的圖示照片，然後在出現的下拉式功能表中點擊「查看你的個人首頁」選項，如圖 8-1 所示，便可以進入個人首頁。也就是說，只要你成功地註冊了 Facebook 帳戶，就有了個人帳戶和個人首頁。個人首頁的作用是顯示「個人資訊」。你透過個人帳戶發佈的任何資訊都會在個人首頁上顯示。個人首頁是強調與好友互動、社交的頁面，公共首頁才是行銷的地方。在個人首頁中偶爾發佈行銷資訊是可以的，但是發多了，會讓人反感。相信你隱藏了很多經常在朋友圈發廣告的人。

▲ 圖 8-1　個人首頁

　　點擊「設定」→「隱私」→「個人首頁與標記」選項，可以對在個人首頁中發佈的發文進行隱私設定，如圖 8-2 所示。

▲ 圖 8-2　個人首頁與標記頁面

8.1.2　公共首頁

如圖 8-3 所示，點擊「 ⊞ 」→「建立」→「公共首頁」選項出現的
頁面便是公共首頁，簡稱首頁。它是供企業、品牌和組織分享動態並與
粉絲交流的頁面。Facebook 公共首頁是由擁有個人首頁的個人使用者建
立和管理的，並且每個個人帳戶都可以管理多個公共首頁。

▲ 圖 8-3　公共首頁

公共首頁的主要功能是針對客戶宣傳產品或服務，即時向客戶傳遞
最新資訊。廣告帳戶發佈的推廣廣告會顯示在公共首頁中。

8.1.3 Business Manager

Business Manager 就是商務管理平台，是 Facebook 發佈的一款首頁管理工具，可供廣告主整合式管理廣告帳戶、首頁和工作人員。借助這個平台，你可以投放廣告，衡量廣告的效果，可以增加各種資產，可以對公共首頁、廣告帳戶、像素等進行整合式管理。被授權為管理員的個人帳戶可以管理綁定在商務管理平台上的 Facebook 帳戶裡的任何資產。你也可以在商務管理平台上授權個人帳戶為工作人員，並為其分配對應的許可權。如果你需要多個廣告帳戶管理不同的公共首頁，使用不同的付款方式及廣告表現報告，就可以使用商務管理平台。

你可以自己註冊商務管理平台帳戶，開啟商務管理平台首頁進行註冊，如圖 8-4 所示。

▲ 圖 8-4 商務管理平台首頁

　　在註冊商務管理平台帳戶時，需要使用 Facebook 個人帳戶資訊驗證身份，因此你必須使用 Facebook 個人帳戶和密碼登入商務管理平台。點擊商務管理平台首頁右上方的「建立帳戶」按鈕，輸入公司名稱、你的姓名、你的業務電子郵件，如圖 8-5 所示。

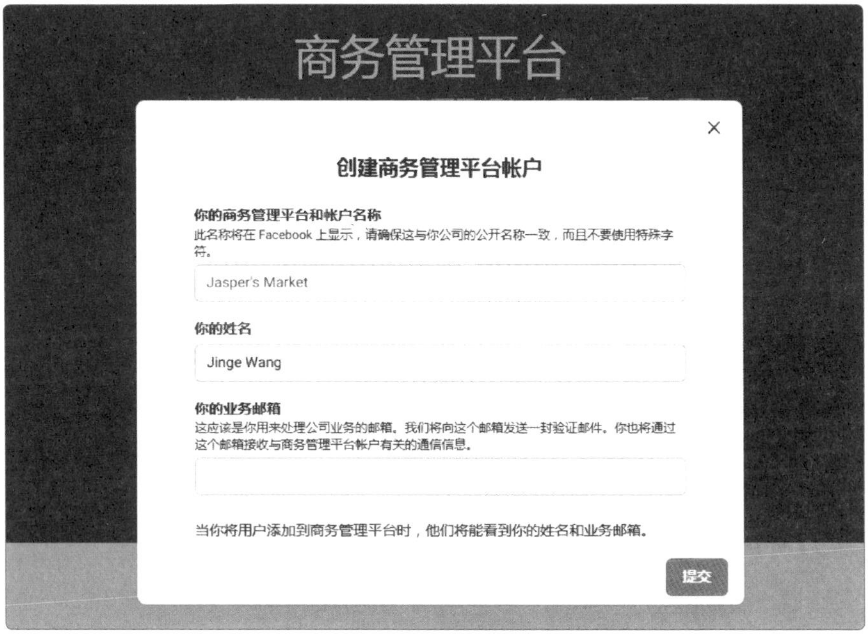

▲ 圖 8-5　建立商務管理平台帳戶頁面

　　在建立成功後，會有一封驗證郵件發送到註冊時使用的電子郵件中，如圖 8-6 和圖 8-7 所示。

▲ 圖 8-6 商務管理平台驗證郵件發送頁面

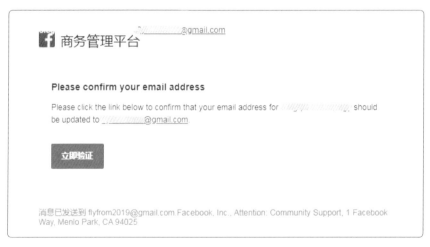

▲ 圖 8-7 電子郵件驗證頁面

　　點擊「立即驗證」按鈕，便可以進入商務管理平台後台，如圖 8-8 所示。

▲ 圖 8-8　商務管理平台後台

8.1.4　廣告帳戶

　　廣告帳戶分為個人廣告帳戶和企業廣告帳戶。每個 Facebook 個人帳戶都可以開通一個個人廣告帳戶，而企業廣告帳戶需要提交營業執照找代理商開通，兩者本質上並無太大區別，都用來推廣，但是個人廣告帳戶不穩定，更容易被審核，廣告消費配額更低，建議直接找代理商開戶。一個商務管理平台可以有 5 個廣告帳戶，如圖 8-9 所示，點擊「廣告帳戶」→「增加」按鈕，可以增加廣告帳戶、申請廣告帳戶的存取權限、新建廣告帳戶。廣告帳戶如何操作將在 8.5 節中詳述。

▲ 圖 8-9 廣告帳戶

8.1.5 Facebook Pixel

　　Facebook Pixel 是 Facebook 像素（簡稱「像素」），是一個可以據此追蹤、衡量廣告受眾的程式，可以手動安裝，也可以使用合作夥伴整合安裝，在商務管理平台上操作。具體的安裝步驟將在 8.4 節中介紹。

　　在安裝 Facebook Pixel 後，客戶在開啟被設有 Facebook 像素的頁面時，其行為便會被程式記錄。一般來說，它的作用類似於 Google Ads 中的 Google Analytics，幫助我們了解客戶在網站上的各種行為，例如查看網頁內容、搜尋、加購物車等動作。有了這些資料，我們就可以改進並調整 Facebook 廣告策略。

8.1.6 Facebook Business Suite

　　Facebook Business Suite 也是一個 Facebook 管理平台，其管理的範圍比商務管理平台更廣泛一些，如圖 8-10 所示。Facebook Business Suite 目前整合式管理 Facebook 和 Instagram 的所有綁定帳戶，未來 WhatsApp 的消息功能可能會整合到這個平台中。要想使用這個平台，就需要先建立 Facebook 公共首頁。

▲ 圖 8-10 Facebook Business Suite 後台

在 Facebook Business Suite 後台中可以查看 Facebook 公共首頁和 Instagram 帳戶的總覽。你會看到最新資訊、近期發文和廣告及成效分析。此外,你還可以在這裡建立發文,存取商務管理平台,建立廣告或推廣自己的業務。

在收件箱中,你可以閱讀 Facebook 公共首頁、Messenger 和 Instagram 帳戶的新消息與評論,還可以建立自動回覆消息,用於解答客戶經常詢問的問題,如圖 8-11 所示。

▲ 圖 8-11 收件箱

⊘ 8.2 個人首頁設定與日常營運

8.1 節已經對各個概念進行了解釋。Facebook 營運涉及很多方面,有很多細節需要注意。本節講解個人首頁設定與日常營運。

8.2.1 個人首頁設定

需要設定的個人首頁內容如圖 8-12 所示,最主要的是封面照片、圖示、發文、簡介、好友 5 個方面。

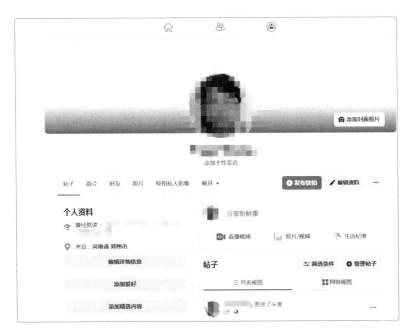

▲ 圖 8-12　需要設定的個人首頁內容

1. 封面照片

　　封面照片的尺寸為 940 像素 ×350 像素。你可以按照這個尺寸製作照片。前期不建議直接使用產品或廣告的 Banner 圖，這樣的圖片不利於前期增加好友。你可以等累積了部分好友後再更換封面照片。你可以使用風景照片、建築照片、喜歡的動畫片等能顯示個人風格或喜好的封面照片。

2. 圖示

　　建議使用真實的、漂亮的個人照片作為圖示。這樣更容易讓 Facebook 相信你是一個真實地、正常地使用 Facebook 的用戶。如果你不想曝露自己的長相，那麼可以使用遠景照片，例如釣魚時的遠景照片、遊玩時的擺拍照片，但是不要使用太隨意的自拍照，要給人友善、

美好的感覺。你千萬不要用企業 Logo 和產品作為圖示。個人帳戶是強調社交的，公共首頁才是行銷的地方，很少有人想與一個看起來一定會每天發廣告的人做好友。你要記得把圖示備份在自己的資料夾裡，將其與所用的身份證照片和資料備份放在一起。當帳戶被封，需要驗證時，這些資料就可以派上用場，更容易通過驗證。

3. 發文

與朋友圈類似，你發佈過的內容、對個人首頁做的一些改動都可以在這裡看到，並可以重新設定許可權。如圖 8-13 所示，點擊已經發佈的發文右上角的 "..." 按鈕可以對已經發佈的發文進行進一步設定。

▲ 圖 8-13 發文設定頁面

4. 簡介

簡介的內容按照自己的實際情況填寫就好。填寫簡介有一些利於吸引目標客戶的小技巧。如果你填寫的資訊都與你的目標客戶的行為、特徵一致，Facebook 就有可能向你推薦類似的好友。舉例來說，如果你主打美國市場，可以寫你有在美國工作過的經歷、居住地在美國，那麼 Facebook 以後可能會給你推薦有相似經歷、相同工作地點的人。

在聯繫方式和基本資訊頁面中，手機號碼、網站和社交連結需要增加。你要增加目前使用的手機號碼，最主要的作用是方便重置密碼、解封帳戶。你不用擔心平台會洩露你的手機號碼，這個手機號碼只有註冊人自己能看到。點擊「增加網站」按鈕可以填寫 Shopify 商店的域名。點擊「增加社交連結」按鈕，可以根據所列的選項進行增加，如圖 8-14 所示。

總之，完整的資訊越多，Facebook 就會越了解你。

▲ 圖 8-14 網站和社交連結填寫頁面

5. 好友

你在前期不要隨便增加好友。Facebook 會根據你增加的好友為你推薦相似的好友，因此你最好增加自己的目標客戶為好友。如圖 8-15 所示，你可以在搜尋框中輸入關鍵字搜尋好友。搜尋的關鍵字可以是產品詞、同行的品牌詞、上下游產業詞等。你可以根據不同的篩選條件選擇要增加的好友，如圖 8-16 所示。

▲ 圖 8-15 增加好友搜尋框

▲ 圖 8-16 篩選條件

8.2.2 個人首頁的日常營運

關於個人首頁的日常營運，你需要做的就是增加好友、發文、與好友互動。

對於剛申請的帳戶，你不要急於大量增加好友，一天增加 3 ～ 5 個好友就行，帳戶需要慢慢「養」。除了根據關鍵字搜尋好友，你也可以在同行的發文下、目標客戶的好友中尋找。

發文的內容可以是日常生活，也可以是參展、拜訪客戶、客戶來廠參觀等與產品相關的內容。發文的內容要儘量做到自然，不要生硬地推廣產品。

與目標客戶的日常互動包括以下幾項：一對一發私信；個人自建群組行銷；關注同行的發文；在熱度和活躍度高的首頁或群組發文的評論區參與討論，擴大個人知名度；把從其他通路中獲得的客戶資訊匯入 Facebook 等。

◉ 8.3 公共首頁建立和營運

8.3.1 公共首頁建立

公共首頁的建立頁面如圖 8-17 所示。

首先，需要輸入公共首頁名稱，選擇類別，輸入說明，然後點擊「建立公共首頁」按鈕，會出現需要上傳公共首頁圖示和公共首頁封面圖片的選項。

　　建議以「品牌名 + 產品關鍵字」的模式填寫「公共首頁名稱」,不建議使用公司名稱。如果你銷售的產品比較多,那麼可以直接使用品牌名或 Shopify 獨立站的一級域名(.com 之前的文字)。如果你主要銷售一個產品,那麼建議使用關鍵字作為公共首頁名稱。公共首頁名稱要簡短、有力,能清晰地表達自己的定位,突出自己的優勢。舉例來說,你有國內工廠,生產能力強,就可以叫 China ×× Factory。

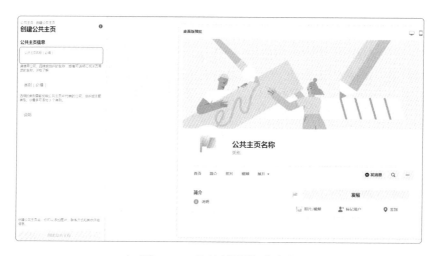

▲ 圖 8-17　公共首頁的建立頁面

　　對於「類別」,你需要在輸入文字後從彈出的標籤中選擇,如圖 8-18 所示,在輸入 "toy"(玩具)後會出現 3 個標籤,如果你要銷售玩具,那麼選擇「玩具店」。

▲ 圖 8-18　類別填寫頁面

　　「說明」這一區塊用來介紹業務內容、提供的服務或公共首頁的用途，以 255 個字元為上限，你在描述時最好把關鍵字前置，或讓關鍵字多出現幾次，這樣有利於搜尋排名。你可以參考大品牌、大公司的說明來修改自己的。

　　對於公共首頁的圖示，建議用公司的 Logo 或主推產品的圖片，不建議用個人圖示。

　　公共首頁的封面圖片在整個頁面中佔據的面積最大，很吸引人的目光，因此這個位置是傳達資訊最醒目的位置。你可以上傳產品合集圖片、工廠俯瞰圖等能展現你實力的圖片。另外，封面不能一成不變，可以根據季節、節日、促銷活動進行對應的變化。

　　在這些內容設定完成，點擊「保存」按鈕後，會出現綁定 WhatsApp 的頁面，如圖 8-19 所示。如果你沒有 WhatsApp 帳戶，那麼可以關閉這個頁面，進行後續操作。點擊「完成首頁設定」按鈕，繼續對公共首頁內容進行編輯，如圖 8-20 所示。

- 增加網站：填入 Shopify 獨立站首頁的網址。
- 增加所在地資訊：可以不填。
- 營業時間：對於線上商店，選擇 24 小時營業。
- 增加電話號碼：由於口語、時差問題，建議不填。
- 綁定 WhatsApp：可以選填，畢竟國外使用電子郵件也是比較常見的聯繫方式。

▲ 圖 8-19 綁定 WhatsApp 的頁面

▲ 圖 8-20 管理公共首頁

編輯行動號召按鈕：如圖 8-21 所示，不同的產業、不同的業務可以根據實際情況選擇不同的操作。對於在 Shopify 上銷售產品的賣家，建議可以選擇「聯絡我們」或「到網站購物」。

▲ 圖 8-21 編輯行動號召按鈕

介紹你的公共首頁：需要邀請至少 10 位好友。當然，你也可以選擇跳過，如圖 8-22 所示。

▲ 圖 8-22 介紹你的公共首頁

8.3.2 公共首頁設定

　　點擊「設定」選項，可以進行更詳細的關於公共首頁的設定，如圖 8-23 所示。需要設定的內容過於繁多，有鑑於本章的重點是 Facebook 廣告推廣，所以本節重點介紹一些功能，對於其他內容，讀者可以慢慢研究。

▲ 圖 8-23 「設定」選項

1. 消息

　　如圖 8-24 所示，在消息頁面中最主要的是要設定歡迎語，把 Messenger 增加到網站，並編輯、設定自動回覆。

▲ 圖 8-24 Messenger 設定

　　歡迎語可以是「I am online service, what can I do for you ？」（我是線上客服，有什麼可以效勞的嗎？）等。

　　把 Messenger 增加到網站後，當客戶瀏覽你的網站時，你就可以與他們即時聊天，為他們提供支援，從而有助提高客戶滿意度和成單率。你可以按照如圖 8-25 所示的提示一步步操作，在操作成功後你的 Shopify 商店會出現如圖 8-26 所示的圖示。

▲ 圖 8-25 把 Messenger 增加到網站的操作

▲ 圖 8-26 Messenger 圖示

2. 範本和標籤

如圖 8-27 所示，對範本和標籤進行編輯，可以讓重要的資訊顯示在突出的位置。如果你的 Facebook 網站更符合目標客戶的瀏覽習慣，那麼有利於吸引客戶的注意力。

　　點擊「編輯」按鈕，可以根據帳戶的需要選擇範本。Shopify 賣家需要選擇「購物」範本，如圖 8-28 所示。

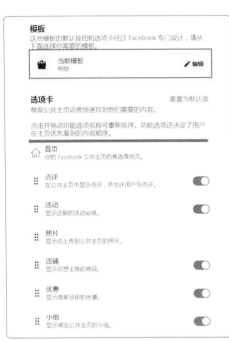

▲ 圖 8-27 範本和標籤頁面

▲ 圖 8-28 範本頁面

8.3.3 公共首頁的日常營運

　　營運公共首頁的日常工作是發文進行品牌宣傳、客戶開發、與粉絲互動。

　　公共首頁的發文內容主要分為以下 3 個方面：一是產品相關，包括材質、生產過程、使用過程、物流發貨等；二是公司實力相關，包括證

書、團隊、辦公環境、團隊建設等,可以展示一個正常營運的有實力的
企業;三是客戶案例,包括發貨現場、與訪客合影、客戶案例回饋等。

每天最佳的發文時間是 13 點和 15 點。在這時發文可以獲得更多點
擊、閱讀、分享。每週週四、週五是一週內的最佳發文時間,與從週一
到週三相比,參與的使用者會更多。

公共首頁的效果可以透過公共首頁成效分析頁面進行分析,如圖
8-29 所示,可以查看當天、昨天、過去 7 天、過去 28 天的資料,內容
包括使用者操作次數、公共首頁瀏覽量、公共首頁獲讚數、發文覆蓋人
數、帖文互動次數等。

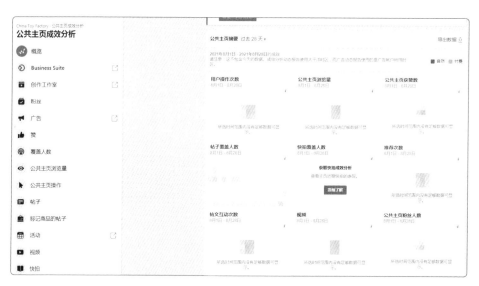

▲ 圖 8-29 公共首頁成效分析頁面

✓ 8.4 商務管理平台設定

按 8.1.3 節介紹的步驟操作後，便可以進入商務管理平台。

如圖 8-30 所示，商務管理平台有以下欄目：

（1）使用者。使用者包含管理使用者、合作夥伴、系統使用者。

（2）帳戶。在這個欄目中，可以管理公共首頁、廣告帳戶、商務管理平
台資產組、應用、Instagram 帳戶、WhatsApp 帳戶。

▲ 圖 8-30 商務管理平台欄目

在管理公共首頁頁面中，可以增加公共首頁、申請公共首頁的存取權限、新建公共首頁，如圖 8-31 所示。增加公共首頁只需要輸入公共首頁的名稱或網址即可。

▲ 圖 8-31　管理公共首頁頁面

在管理廣告帳戶頁面中，可以增加廣告帳戶、申請廣告帳戶的存取權限、新建廣告帳戶，如圖 8-32 所示。

如果你的廣告帳戶是透過代理商開通的，那麼點擊「增加廣告帳戶」選項，會出現如圖 8-33 所示的頁面，填入「廣告帳戶編號」便可以開始建立廣告進行推廣。

▲ 圖 8-32 管理廣告帳戶頁面

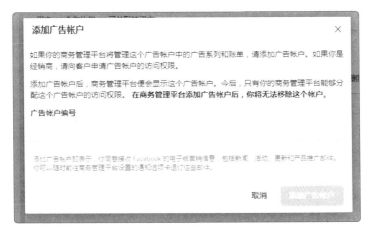

▲ 圖 8-33 增加廣告帳戶頁面

如果你想要自己開通廣告帳戶,那麼可以在如圖 8-32 所示的頁面中點擊「新建廣告帳戶」選項,開啟新建廣告帳戶頁面,如圖 8-34 所示。填寫廣告帳戶名稱,增加支付資訊支付廣告費後,便可以開始推廣,如圖 8-35 所示。雖然你可以自己開通廣告帳戶,但是建議透過代理商開通。個人開通的廣告帳戶較容易被封。

▲ 圖 8-34 新建廣告帳戶頁面

▲ 圖 8-35 廣告帳戶支付資訊頁面

（3）資料來源。在這個欄目中，可以管理目錄、Pixel 像素程式、線下時間集、自訂轉化事件、事件來源組、共享受眾、創意素材資料夾。

其中，最重要的是 Pixel 像素程式的安裝，有兩個途徑可以進行安裝操作：一個是點擊「所有工具」→「事件管理工具」選項操作，如圖 8-36 所示。另一個是點擊「資料來源」→「Pixel 像素程式」進行安裝。

▲ 圖 8-36 尋找事件管理工具

下面介紹第一個途徑。

在出現的頁面中點擊「連結資料來源」選項（如圖 8-37 所示），會出現如圖 8-38 所示的頁面，根據實際需要選擇要連結的資料來源類型，在這裡我們選擇「網頁」選項。

▲ 圖 8-37 連結資料來源

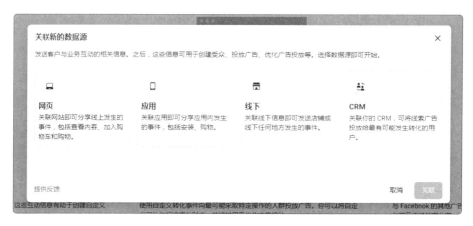

▲ 圖 8-38 選擇連結新的資料來源

　　在選擇「網頁」選項後點擊「連結」按鈕，會出現如圖 8-39 所示的頁面，選擇「Facebook Pixel 像素程式」選項，會出現如圖 8-40 所示的頁面，點擊 "Continue" 按鈕，在出現的如圖 8-41 所示的頁面中為 Facebook Pixel 像素程式命名（輸入的名稱可以是你的商店的名稱），以便區分追蹤的事件。

▲ 圖 8-39 選擇 Facebook Pixel 像素程式

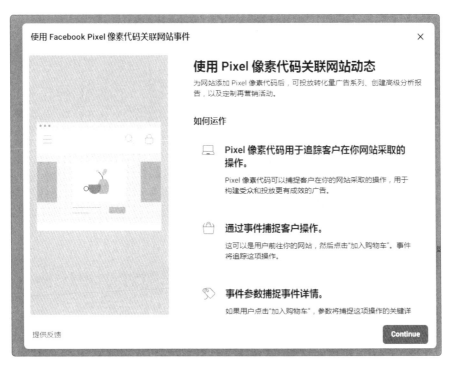

▲ 圖 8-40 使用 Facebook Pixel 像素程式連結網站事件

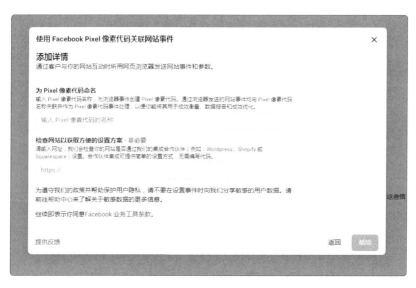

▲ 圖 8-41　為 Facebook Pixel 像素程式命名

在輸入 Facebook Pixel 像素程式的名稱後，點擊「繼續」按鈕，會出現如圖 8-42 所示的頁面。如果對撰寫網站程式不擅長，就點擊「使用合作夥伴」按鈕。然後，在出現的頁面中（如圖 8-43 所示）選擇 Shopify，把 Shopify 帳戶連結到 Facebook，如圖 8-44 所示。

▲ 圖 8-42　選擇 Pixel 像素程式安裝方式

▲ 圖 8-43 選擇合作夥伴

▲ 圖 8-44 把 Shopify 帳戶連結到 Facebook

　　對程式有一定了解的人當然也可以點擊「手動安裝程式」按鈕，這時會出現如圖 8-45 所示的頁面，可以根據提示一步步操作，其中最需要關注的是「增加事件程式」。

▲ 圖 8-45　手動為網站增加 Pixel 像素程式

　　如何把 Shopify 帳戶連結到 Facebook 呢？登入 Shopify 商店，點擊「電商」→ "Preferences" 選項，在出現的 "Facebook Pixel ID" 文字標籤中輸入 "Facebook Pixel ID"（Pixel 編號），如圖 8-46 所示。Pixel 編號可以在商務管理平台的資料來源頁面中查看，如圖 8-47 所示。輸入編號後，按 Enter 鍵保存，這時已經把 Shopify 帳戶連結到 Facebook。然後，回到商務管理平台，在圖 8-44 所示的頁面中選取「我已完成在 Shopify 上的設定」核取方塊，再點擊「繼續」按鈕，會出現如圖 8-48 所示的頁面，輸入 Shopify 商店的網址，點擊「發送測試流量」按鈕。

向網站發送測試流量,然後再點擊「繼續」按鈕。如果設定的 Pixel 像素程式狀態為啟用狀態,那麼 Pixel 像素程式設定成功。

(4)品牌安全。這個欄目包含網域、黑名單兩部分。

其中,在網域頁面中需要增加 Shopify 商店的域名。

▲ 圖 8-46 Shopify 綁定 Facebook Pixel ID

▲ 圖 8-47 Pixel ID

▲ 圖 8-48 Shopify 連結 Facebook 驗證頁面

如果你認為某些位置對你的品牌或廣告行銷而言並不安全或不屬於你的目標客群，那麼可以借助黑名單來避免將廣告投放在其中，如圖 8-49 所示。

▲ 圖 8-49 建立黑名單

（5）認證的公共首頁。在這個欄目中，可以管理新聞公共首頁。

（6）整合。在這個欄目中，可以管理相容的協力廠商管理工具。

（7）支付方式。在這個欄目中，可以管理支付方式和額度。

（8）安全中心。在這個欄目中，可以設定雙重驗證，管理不活躍的工作
人員和增加管理員，如圖 8-50 所示。其中，在雙重驗證中保護帳
戶的方式有以下 3 種：身份驗證應用、簡訊、安全密碼器，如圖
8-51 所示。為了保護帳戶安全，若以簡訊形式接收驗證碼，則用
於雙重驗證的手機號以後無法用於重置 Facebook 帳戶的密碼。

（9）申請。在這個欄目中，可以管理你發送的請求和其他人發送給你的
邀請。管理你發送的請求即管理你向商務管理平台中其他使用者發
送的申請。管理其他人發送給你的邀請即允許你對對方商務管理平
台上的首頁、廣告帳戶和其他資產操作。

▲ 圖 8-50 安全中心頁面

▲ 圖 8-51 雙重驗證方式

◎ 8.5 廣告帳戶

　　本節是重點，主要講解 Facebook 廣告。Facebook 廣告推廣是一個有技術含量的工作。如果你從來沒有接觸過付費推廣，那麼要認真學習本節內容，了解廣告原理、架構，了解廣告各層級的關係。這樣才能知道廣告系列是怎麼建立的、為什麼這麼建立、怎樣更進一步最佳化。

8.5.1 開通廣告帳戶

1. 開通廣告帳戶的方式

　　開通廣告帳戶有兩種方式，可以自己開通，也可以尋找代理商開通，各有利弊。目前，建議尋找代理商開通廣告帳戶。

個人開通廣告帳戶的好處有以下幾個：

（1）可以自己控制充值資金。尋找代理商開通廣告帳戶通常需要預存一筆廣告費，且第一次充值有額度要求，這對於只是想自己學習和小額度測試的賣家不利。

（2）有利於保障銷售的產品安全。代理商可以隨時進入你的帳戶查看你的投放策略、出價方式和最佳化想法，特別是有幫助其他賣家操作服務的代理商。如果你的銷售情況良好，那麼代理商可能會出於自身利益考慮直接複製你的廣告定位和內容或關閉你的帳戶。

尋找代理商開通廣告帳戶的好處有以下幾個：

（1）開通的是純商業帳戶。代理商會協助你開通廣告帳戶，前期會讓你避免踩一些「坑」。

（2）資金安全，不會因為充值帳戶故障而無法退款。

（3）如果帳戶被封，那麼代理商可以協助你解封，並且成功率高。如果出現了帳戶被封、連結被標記或廣告誤判的情況，那麼透過個人廣告帳戶是很難申訴成功的。

建議想做 Facebook 廣告的賣家找代理商開通廣告帳戶。對新手、中小賣家來說，最安全的開通帳戶服務還是透過官方代理商。

目前，官方代理商有很多家，例如獵豹移動、飛書互動、藍色游標、木瓜移動等。你可以搜尋它們的官網，查詢聯繫方式進行諮詢。

2. 開通廣告帳戶要了解的事

（1）在開通廣告帳戶之前，你要確保投放的產品符合 Facebook 的要求、沒有違禁品、網站上沒有違規的內容。

（2）要準備好營業執照。開通廣告帳戶需要清晰、完整的營業執照掃描件。

（3）要提前建立好 Facebook 的個人首頁和公共首頁。

（4）要了解 Facebook 的社群守則和廣告發佈政策。

（5）在開通廣告帳戶後，你要將代理商給你的「廣告帳戶編號」綁定到商務管理平台上（見 8.4 節）。

（6）要多設定幾個管理員。如果只有一個管理員，那麼當個人帳戶出現被封的情況時，就無法營運店家的公共首頁了。但是，如果有多個管理員，那麼即使有一個人的帳戶被封，其他人仍可以正常營運店家的公共首頁和廣告帳戶。

（7）要了解、註冊、安裝一些輔助工具。舉例來說，要了解商務管理平台的動作頁面、Pixel 像素程式，這些內容已經介紹過。

（8）要制訂合理的廣告投放計畫。在投放廣告之前，你要想好自己的廣告操作要達成什麼目標（是促使詢價、品牌曝光，還是安裝 App）、目標客戶的喜好是什麼、在哪些地區客戶比較集中、公司和產品的優勢是什麼，以及素材製作、預算準備等。

8.5.2 廣告原理

Facebook 及其旗下的各大社交平台擁有超級大的使用者群眾。這些使用者群眾被平台標記著各種各樣的興趣標籤。Facebook 廣告向被選定的目標客戶展示廣告，當客戶看到你投放的廣告時，如果感興趣，就會點擊廣告進行互動、加購、支付。

我們都知道，廣告排名越靠前，被客戶看到和點擊的可能性越大。哪些廣告的排名會靠前？為了確保獲勝的廣告能同時為受眾和商家帶來最大價值，Facebook 廣告競拍勝出者是綜合價值最高的廣告，也就是說綜合價值越高，排名越靠前。綜合價值由以下 3 個部分組成：

1. 競價

廣告主為廣告設定的競價，也就是廣告主願意為達成結果花費的金額。Facebook 支援自動出價和手動出價，有不同的競價策略，包括費用上限、競價上限等。廣告主可以根據預算要求、要達成的目標設定合適的價格及競價策略。

2. 預估操作率

預估操作率是客戶與廣告互動或發生轉化的預估值，也就是客戶看到廣告後實施廣告主期望的操作的機率。

3. 廣告品質

Facebook 透過多種依據衡量廣告品質，包括觀看或隱藏廣告的客戶提供的回饋，以及對廣告中低品質特徵（例如隱瞞資訊、惡意炒作和互動誘餌）的評估。

8.5.3 廣告建立

可以透過 Facebook 商務管理平台的廣告帳戶進入廣告管理頁面。Facebook 廣告與 Google Ads 一樣。廣告的建立分為三個層次，分別為廣告系列、廣告組和廣告，如圖 8-52 所示。廣告隸屬於廣告組，廣告組隸屬於廣告系列。

▲ 圖 8-52　廣告管理頁面

在廣告系列頁面的左上方點擊「建立」按鈕，選擇廣告目標。廣告目標分為品牌認知、購買意向和行動轉化。把滑鼠游標指向廣告目標，右側將顯示目標詳細提示。如果賣家之前建立過廣告系列，那麼可以直接選擇使用現有廣告系列，如圖 8-53 所示。

▲ 圖 8-53　建立廣告系列

一般而言，如果賣家為了宣傳品牌，那麼可以選擇品牌認知類廣告目標，如果為了吸引客戶，那麼可以選擇購買意向類廣告目標，如果為了實現線上購物或實體店面造訪，那麼可以選擇行動轉化類廣告目標。

對於 Shopify 賣家而言，如果推廣品牌，就選擇品牌知名度，如果為網站獲取更多流量，就選擇流量，如果為了直接銷售產品，就選擇轉化量。我們在此處選擇轉化量，點擊「繼續」按鈕，進行廣告系列設定，如圖 8-54 所示。

▲ 圖 8-54 廣告系列設定

在廣告系列設定中，賣家可以設定以下內容：

（1）廣告系列名稱。賣家可以設定廣告系列名稱，便於把廣告分類。

（2）廣告系列花費上限。賣家可以設定廣告系列花費上限，但這並非必要設定。

（3）A/B 測試。賣家可以透過 A/B 測試同時建立多個廣告系列、廣告組和廣告，用來測試不同的廣告策略和不同的潛在覆蓋人員的推廣效果。

（4）廣告系列預算最佳化。開啟廣告系列預算最佳化後，表現更好的廣告組將獲得更多預算。

在完成廣告系列設定後點擊「保存」按鈕，即可進行廣告組設定。廣告組設定是廣告投放設定的重點，主要設定的內容如下：

（1）轉化事件發生位置。轉化事件發生位置可以選擇網站、應用、Messenger、WhatsApp 等，賣家還需要選擇轉化事件來進行追蹤，因此 Pixel 像素程式 ID 需要提前建立，並將其增加到 Shopify 偏好設定的 Facebook Pixel 中。

（2）動態素材。賣家可以提供圖片和標題等元素，廣告平台會自動根據受眾生成創意組合，包含不同格式或範本。

（3）優惠。賣家可以建立目標客戶能夠獲得的優惠，以提高轉化量。優惠將在所選擇的公共首頁上建立和顯示。點擊「建立優惠」選項可以設定和預覽優惠資訊，如圖 8-55 所示。

（4）預算和排期。賣家可以設定單日預算或總預算，在設定總預算時還可以設定每天投放廣告的時段。通常建議在快速測試廣告時使用總預算，在廣告效果穩定後使用單日預算。

（5）受眾。賣家在受眾設定頁面中可以自訂廣告目標受眾。受眾群眾的設定包括地區、年齡、性別、細分定位、語言、關係等。賣家可以根據推廣目標來選擇受眾定位。圖 8-56 所示為選擇了美國、英國、加拿大等國家的 20 ～ 25 歲和對禮物感興趣的女性海外華人群眾。受眾設定頁面的右側將顯示受眾資訊。

▲ 圖 8-55 建立優惠

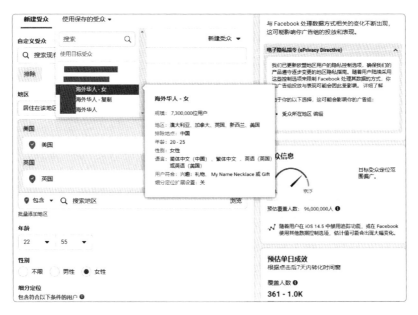

▲ 圖 8-56 廣告組受眾設定頁面

（6）版位。Facebook 預設推薦自動版位，並根據廣告表現自動分配廣告組的預算。賣家也可以選擇手動版位。手動版位支援 Facebook、Instagram、Audience Network、Messenger 等平台，並支援素材訂製，在版位設定頁面的右側可以預覽廣告效果和查看素材要求，如圖 8-57 所示。

▲ 圖 8-57　廣告組版位設定頁面

（7）最佳化與投放。賣家在最佳化與投放設定頁面中可以設定廣告投放最佳化目標、費用控制額、費率方式及投放類型。在設定完成後，最佳化與投放設定頁面的右側將顯示預估單日成效，包括覆蓋人數和登錄頁瀏覽量，如圖 8-58 所示。

▲ 圖 8-58　廣告組最佳化與投放設定頁面

點擊「繼續」按鈕後，開啟廣告建立頁面，賣家可以在廣告建立頁面設定以下內容：

（1）廣告名稱。這裡建議設定推廣產品或目標，便於辨識不同的廣告。

（2）廣告發佈身份。賣家需要在這裡選擇用來發佈廣告的 Facebook 首頁或 Instagram 帳戶。

（3）廣告設定。賣家在這裡可以選擇建立廣告、使用現有發文或使用創意圖庫。如果賣家建立過廣告，那麼在這裡可以直接選擇所需推廣的發文，如果沒有建立過廣告，那麼通常選擇建立廣告，並關閉「動態格式和創意」按鈕，以便手動建立不同格式的廣告，此處選擇輪播，如圖 8-59 所示。

▲ 圖 8-59 廣告設定

（4）廣告創意。賣家可以在廣告創意裡選擇廣告目錄和產品系列，對於多產品目錄，還需要選擇輪播圖卡的創意選項類型，此處選擇幻燈片，並增加廣告標題、動態消息連結描述、廣告內容、行動號召等，如圖 8-60 所示，然後增加圖卡，按照步驟從帳戶、公共首頁中或在本地選擇圖片或視訊，輸入標題、說明及網址。這裡選中的內容將直接作為廣告內容來展示，因此賣家需要重點設計。

（5）目標位置。賣家在這裡設定客戶點擊輪播圖卡後到達的目標位置，此處選中網站，並指定到達產品連結，如圖 8-61 所示。

（6）語言。賣家可以建立廣告的不同語言版本，由 Facebook 向受眾展示最合適的版本。

（7）追蹤。如果網站綁定了 Pixel 像素程式，那麼在此處選擇網站事件，系統即可追蹤廣告帳戶所選的轉化事件。

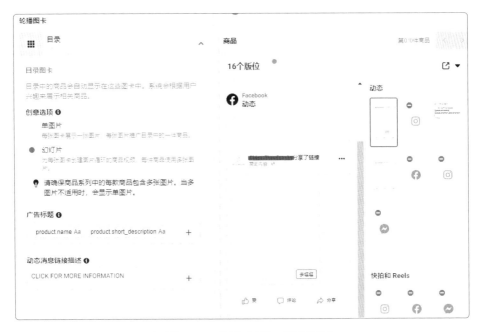

▲ 圖 8-60 廣告創意 - 輪播圖卡

▲ 圖 8-61 目標位置

　　點擊廣告頁面右下方的「發佈」按鈕，即可進入廣告審核。如果網站未遵守 Facebook 政策或廣告內容不符合要求，廣告就會被拒絕。賣家需要按要求修改，直到其符合 Facebook 政策要求，如果廣告符合要求，那麼會在審核完成後運行。廣告效果如圖 8-62 所示。

▲ 圖 8-62 Facebook 的廣告效果

　　賣家可以隨時在商務管理平台的廣告管理頁面中查看廣告成效，如圖 8-63 所示。

　　點擊圖 8-63 中的「欄：自訂」→「訂製欄」選項，在彈出的對話方塊中，Facebook 提供了包括參與度、轉化量、設定、A/B 測試、最佳化

等類別的上百種廣告資料指標。賣家可以選擇查看需要的廣告資料，如圖 8-64 所示。

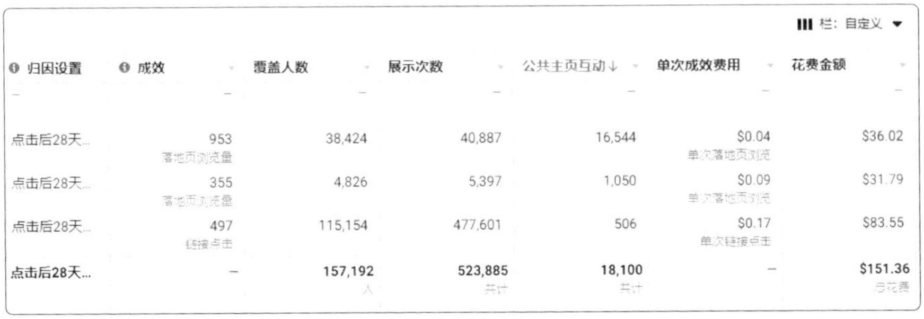

▲ 圖 8-63　在廣告管理頁面中查看廣告成效

▲ 圖 8-64　訂製欄

在商務管理平台的更多工具頁面中點擊廣告報告連結,可以透過樞紐分析表、趨勢圖、橫條圖等查看更多的資料報告。Facebook 也提供了多種報告範本供賣家更方便地建立廣告報告。

◎ 8.6 Facebook 直播

在直播帶貨流行的當下,在 Facebook 上也可以進行直播。

個人首頁、公共首頁、小組都開通了直播功能,如圖 8-65 所示。點擊「直播視訊」選項或在 Facebook 直播入口頁面中點擊「建立直播」按鈕即可開始直播,如圖 8-66 所示。但是,如果 Facebook 帳戶剛申請下來不久,那麼是不能直播的,會提示「帳戶太新,無法發佈視訊」,如圖 8-67 所示。

▲ 圖 8-65 個人首頁的直播連結

▲ 圖 8-66　直播入口頁面

▲ 圖 8-67　無法發佈視訊提示頁面

　　點擊「建立直播」按鈕後，開啟直播管理工具。借助直播管理工具，你可以使用多種直播軟體在 Facebook 上直播。大多數直播軟體的設定都類似，你需要使用直播管理工具進行設定後才能在 Facebook 上直播。你可以選擇立即直播，也可選擇預設直播時間，如圖 8-68 所示。

▲ 圖 8-68 直播管理工具

下面推薦兩個使用起來比較方便的免費直播軟體。

1. OBS（Open Broadcaster Software）

這是一款免費的開放原始碼解決方案，支援串流、音訊、視訊等設定，能夠讓使用者自由選擇自己的直播模式，支援螢幕共用、為視訊增加主題和特效及其他更多功能，可操作性非常強，為不同的使用者設計了不同的直播方案，充分考慮了所有類型的直播，操作起來比較方便，可以設定多個場景，方便使用者隨時切換，如圖 8-69 所示。

2. Streamlabs OBS

這是一款國外非常流行的專業直播軟體。該軟體可用於 Twitch、YouTube、Mixer 等平台直播，包含了所有市面上的直播功能與特性，並且能夠保證輸出 60fps 的超清畫面來同步直播，可以在電腦上使用，如圖 8-70 所示。

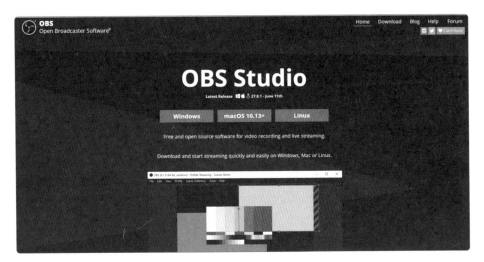

▲ 圖 8-69 OBS 的網站

▲ 圖 8-70 Streamlabs OBS 的網站

為了達到更好的直播效果，你可以在直播前發佈預告文，告知觀眾直播時間，以及直播中的優惠，以便吸引觀眾。你還需要測試裝置、網路是否正常，是否可以正常顯示，需要提前熟悉直播軟體的功能設定。

在直播中，你也要隨時監測直播狀態。

如果直播的效果比較好，在直播後可以使用速推發文對已經直播的內容進行推廣，如圖 8-71 所示，找到想要推廣的 Facebook 直播帖，點擊「速推發文」按鈕，選中廣告帳戶，選擇合適的廣告目標、性別、年齡、受眾、投放地區、投放時間等，把直播推薦給更多的人觀看。也可以直接在廣告帳戶中，選擇「互動率」為廣告目標，設定合適的受眾年齡、性別、投放地區、投放時間等參數來推廣。

▲ 圖 8-71 速推發文

✅ 8.7 如何精準「增粉」

相信你做 Facebook 廣告都希望尋找到精準客戶，從而讓銷量更高。這就需要辨別、尋找對你的產品感興趣的 Facebook 使用者，快速精準「增粉」。本節從整體上講解如何快速精準「增粉」。

（1）最佳化公共首頁。這包括最佳化首頁名稱、封面照片，以及一些細節、功能的設定，已經在 8.3 節中詳細講解。

（2）運用一定的技巧發文，發文的內容、形式要吸引人。具體如何發文已經在 8.2.2 節和 8.3.3 節中進行了介紹。要把互動率高或重要的發文置頂，還要在發文中加 "#" 來強調主題、關鍵字，可以定期查看、參考同行及相關產業或大品牌的公共首頁來尋找靈感。

（3）分享首頁內容。可以分享公共首頁內容到個人首頁和群組以增加曝光度。

（4）邀請好友為公共首頁按讚。公共首頁的按讚量對你的首頁在自然搜尋中的排名有很大影響，你可以邀請公司同事或尋找「網紅」為發文按讚，快速「增粉」。

（5）緊接時事熱點，「病毒式」發文。你可以利用熱點話題「增粉」，蹭熱度可以，但是內容一定要有效，不能為了蹭熱度而發視訊，最終落腳點還是自身的產品、市場，最好以短視訊的形式製作內容。

（6）利用 Facebook 廣告快速「增粉」。你可以以互動率為目標、以公共首頁讚為互動類型，再確定地區、客戶群眾、關鍵字定位來實現低預算的快速「增粉」。

Google Ads 實作

除了 Facebook，Shopify 獨立站還有一個重要的引流通路 ── Google。作為全球最大的搜尋引擎，Google 的搜尋量是毋庸置疑的。Google 流量可以分為免費流量和付費流量。如何獲取免費流量，也就是關於 SEO 的內容已經在第 6 章中詳細介紹過，因此本章不再介紹。本章主要介紹如何獲取 Google 付費流量，即 Google Ads 操作。

⊘ 9.1 關於 Google Ads

9.1.1 Google 簡介

Google Ads 原來叫 Google AdWords，是 Google 公司推出的線上廣告解決方案，上線於 2000 年 10 月，2018 年改名為 Google Ads。Google 目前仍是全球第一大廣告提供商，Google Ads 是 Google 公司的核心業務。根據 Google 會計年度資料，2020 年 Google 的總營收

為 1825 億美金，Google Ads 的營收為 1469 億美金，約佔總收入的
80%，相較去年增長 9%，仍是 Google 公司的主要收入來源。

　　Google 是全球最大的搜尋引擎，覆蓋 200 多個國家和地區，使用
者規模、造訪量均為產業第一。從 2010 年至今，Google Ads 由最初的
只能在 Google 搜尋引擎上展示搜尋廣告和展示廣告，發展到現在支援
搜尋廣告、展示廣告、視訊廣告、購物廣告、智慧廣告、發現廣告等多
種類型，並可以在 Google、YouTube 及其他合作夥伴網站等多個平台
上投放，如圖 9-1 和圖 9-2 所示。

> **Ad** https://www.bhphotovideo.com/sale ▾
>
> Showing results for "Best Affordable Golf Rangefinder"
>
> Buy Electronics at B&H Photo-Video! Low **Prices**, Fast Shipping From USA. PayPal & Credit
> Cards. Lowest **Prices** Top Gadgets. Fast Shipping from U.S.A. Prepaid VAT and Duties.
> Highlights: Gift Cards Available, Mobile App Available, BBB Accredited Business.
> View Specials · About Us · Contact Us · Buy A Gift Card · Log In

▲ 圖 9-1 搜尋廣告

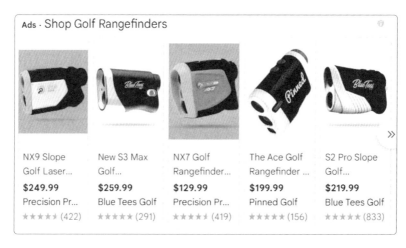

▲ 圖 9-2 購物廣告

賣家可以透過 Google 代理商開通 Google Ads 帳戶，也可以透過 Google Ads 官網線上開通 Google Ads 帳戶。與 Facebook 廣告一樣，如果你只想花費幾千元試一下水，那麼可以自己開戶。如果你要長期營運，那麼建議找代理商開戶，因為代理商能得到關於 Google Ads 的最新消息。另外，有一些功能只能讓代理商幫你開通。

9.1.2 廣告原理

付費搜尋，即透過付費的方式使推廣資訊在搜尋結果中名列前矛，其主要原理是對使用者行為進行分析，根據關鍵字出價與推廣內容的品質度等因素決定推廣資訊是否展現及展現位置，按照點擊量或展示量付費。

影響品質度的因素一般包括點擊率、文案、到達頁面、推廣帳戶的歷史表現。

點擊率是客戶對廣告的點擊量與廣告展現量的比率，較高的點擊率代表潛在客戶對廣告的認可。

文案就是描述要推廣的產品或服務的內容，要與產品或服務相匹配，要能夠吸引客戶的注意力。

到達頁面就是客戶點擊廣告後到達的頁面。到達頁面是否與關鍵字及文案高度相關，到達頁面的開啟速度，空間伺服器的穩定性、跳出率、網站使用者體驗等都會進入品質度評分範圍。

推廣帳戶的歷史表現就是以往推廣的廣告系列的品質度評分。

9.1.3 行銷目標、廣告策略制定與廣告效果衡量

電子商務客戶的行銷目標一般有兩種：一種是提升品牌認知度，即增加目標客戶群眾對品牌的認知程度，讓更多的人知道有這麼一個品牌；另一種是驅動線上成單，即增加成交單數及成交額。

在不同的階段，企業的發展目標是不一樣的。廣告策略要根據企業發展方向和下一步的計畫來制定。舉例來說，你的品牌名不見經傳，就沒有必要在做 Google Ads 初期使用主要用於品牌宣傳的昂貴標頭廣告。

在 Google Ads 帳戶中，衡量廣告效果的指標有很多，例如展示次數、互動率、每次轉化費用等，這些在帳戶裡可以直接查詢，如圖 9-3 所示，但是最重要、最終的衡量指標是成交額和廣告支出回報率，這兩個資料需要計算。

此外，切記不管使用哪種形式的廣告，都要持續運行 2 ～ 4 週再去評估它的效果。

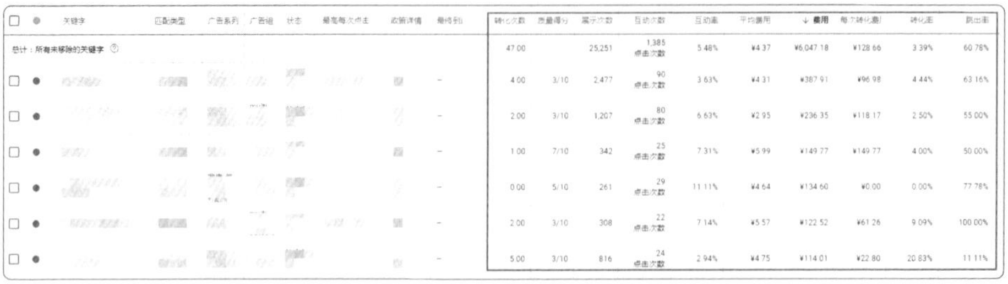

▲ 圖 9-3 衡量廣告的一些指標

9.1.4 追蹤轉化設定

在使用 Google 建立廣告之前，賣家需要先設定 Google Ads 的追蹤轉化，以便 Google Ads 能夠追蹤 Shopify 商店的推廣效果。點擊 Google Ads 帳戶的「工具與設定」選項，再點擊「衡量」選區的「轉化」選項，如圖 9-4 所示。在開啟的頁面中點擊「➕」選項，如圖 9-5 所示，會出現如圖 9-6 所示的頁面。

▲ 圖 9-4「轉化」選項

▲ 圖 9-5 "+" 選項

▲ 圖 9-6 選擇要追蹤的轉化類型頁面

在第一次增加追蹤轉化時選擇「網站」選項。如果賣家之前在 Google Analytic 開啟過目標追蹤轉化，也可以選擇從 Google Analytic 或其他來源匯入資料。把滑鼠游標指向「網站」選項，可以看到能追蹤的轉化專案包括線上銷售、連結點擊、網頁瀏覽、註冊等。點擊「網站」選項，進入建立轉化動作頁面，如圖 9-7 所示。在建立轉化動作頁面中可以設定的選項包括以下幾個。

1. 類別

對 Shopify 等購物網站來說，賣家可以選擇銷售類別，用於追蹤購買、增加到購物車、開始結帳、訂閱等客戶行為。賣家可以建立多個轉化操作來追蹤客戶行為。

2. 轉化名稱

這個選項主要是為了便於賣家在列表中查看、區分設定的轉化操作，

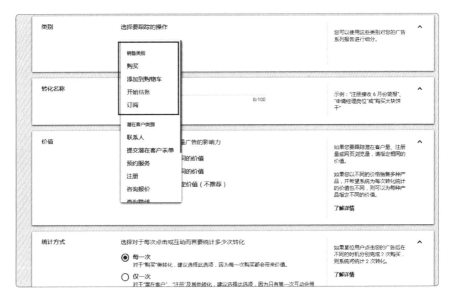

▲ 圖 9-7 建立轉化動作頁面

可以根據選擇的「類別」命名，例如轉化名稱可以是「加入購物車」、「購買」。

3. 價值

賣家可以為轉化指定價值，在資料能夠衡量轉化價值時（比如能記錄回頭客時），可以選擇為每次轉化使用不同的價值。在第一次推廣時建議選擇「為每次轉化使用相同的價值」選項。

4. 統計方式

對於「購買」類轉化，可以選擇對每一次點擊都統計轉化。

5. 點擊型轉化時間範圍、瀏覽型轉化時間範圍和歸因模型

賣家可以設定從點擊到轉化的最長統計時間，以及以哪一次點擊為準等。點擊型轉化時間範圍建議選擇 30 天，瀏覽型轉化時間範圍選擇 1 天，歸因模型選擇最終點擊。

點擊建立轉化動作頁面最下方的「建立並繼續」按鈕後開啟程式設定頁面，可以選擇自行增加程式或使用 Google 追蹤程式管理器，如圖 9-8 所示。

▲ 圖 9-8 程式設定頁面

在第 6 章中，建議使用 Google 追蹤程式管理器。如果賣家在 Shopify 中使用了 Google 追蹤程式管理器，那麼只需要在 Google 追蹤程式管理器中增加轉化 ID 和轉化標籤作為變數，並增加轉化連結器，然後增加觸發器，透過事件類型和篩檢程式觸發即可，如圖 9-9 和圖 9-10 所示。

▲ 圖 9-9 增加轉化連結器

▲ 圖 9-10 增加觸發器

在增加完成後點擊「下一步」按鈕，在新頁面中再點擊「完成」按鈕，即完成追蹤轉化設定。點擊「完成」按鈕後頁面將跳躍到轉化操作列表，賣家在追蹤狀態中可以看到程式的驗證狀態和轉化情況。

9.1.5 附加資訊設定

　　搜尋廣告、視訊廣告、展示廣告、發現廣告都會使用附加資訊。增加附加資訊有利於提高轉換率。所以，附加資訊設定提前在本節介紹。如圖 9-11 所示，目前，附加資訊包括附加連結、附加宣傳資訊、附加結構化摘要資訊等 11 種，你可以選擇適合你的類型進行設定，設定的類型越多、內容越完善越好。

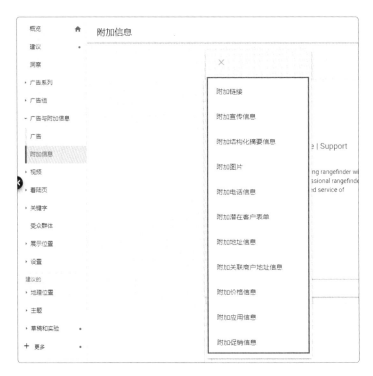

▲ 圖 9-11 附加資訊

1. 附加連結

　　附加連結會以多種不同的方式展示，具體取決於使用者所用的裝置、廣告排名及一些其他因素。附加連結只在搜尋廣告中展示，在電腦

端的展示位置如圖 9-12 所示，主要作用是展示關於產品、公司的內容，以便讓廣告內容更符合潛在客戶的需要，提高轉換率。

▲ 圖 9-12 附加連結的展示位置

附加連結可以在帳戶、廣告系列或廣告組一級增加，如果在更具體的等級中建立附加連結，那麼該附加連結將始終優先於更進階別的附加連結。也就是說，如果為廣告組建立附加連結，那麼在預設情況下，系統會優先投放廣告組一級的附加連結（而非廣告系列一級的附加連結）。增加附加連結頁面如圖 9-13 和圖 9-14 所示。

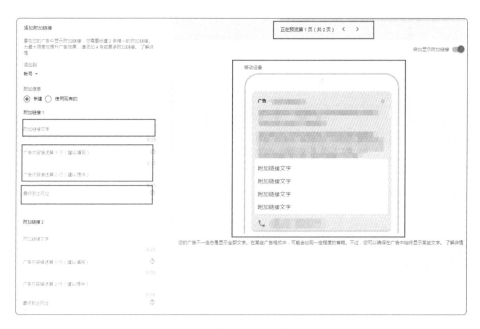

▲ 圖 9-13 增加附加連結頁面一

添加附加链接

⌄ 附加链接网址选项

⌃ 高级选项

设备偏好设置 ②

☐ 移动设备

附加信息展示时间

选择可展示此广告附加信息的时间

开始日期   结束日期

◉ 无   ◉ 无

◯ 选择日期 ▾   ◯ 选择日期 ▾

星期几和具体时段

所有日期   ▾   00:00   至 00:00

添加展示时间

基于帐号时区：(GMT+08:00) 中国标准时间

▲ 圖 9-14　增加附加連結頁面二

增加附加連結的具體操作步驟如下：

（1）點擊圖 9-11 所示頁面的「廣告與附加資訊」→「附加資訊」選項。

（2）點擊藍色加號按鈕 ⊕，從出現的下拉式功能表中點擊「附加連結」選項，開啟增加附加連結頁面。

（3）在「增加到」下拉式功能表中，選擇要在哪一級（有帳戶、廣告系列或廣告組）增加附加連結。

（4）如果要使用現有的附加連結，那麼點擊「使用現有的」選項按鈕，然後選擇要增加的已經建立的附加連結。如果要增加新的附加連結，那麼點擊「新建」選項按鈕。

（5）填寫「附加連結文字」和「最終到達網址」文字標籤。

（6）可以在「廣告內容描述第 1 行」和「廣告內容描述第 2 行」文字標籤中輸入更多文字來説明這個附加連結（這部分內容既可以填寫，也可以不填寫，但是建議填寫）。在填寫完兩行説明文字後，附加連結在展示時就可能同時顯示填寫的這些詳細資訊。

（7）選填裝置偏好。如果你主要為行動裝置設定附加連結，那麼可以選取「行動裝置」核取方塊，否則不用操作。

（8）設定附加連結展示時間。如果你設定的附加連結有時間限制，例如專門為某個活動設定，就填寫一下時間，否則也不用操作，直接略過即可。

（9）點擊「保存」按鈕，以保存附加連結設定。

　　務必建立至少兩個附加連結。只有在建立的附加連結數量不少於兩個並將其增加到廣告所屬的帳戶、廣告系列或廣告組後，附加連結才能與廣告一起展示。

　　移除與修改附加連結的操作如圖 9-15 所示。

▲ 圖 9-15 移除與修改附加連結

（1）點擊圖 9-11 所示頁面的「廣告與附加資訊」→「附加資訊」選
　　　項，會看到自己建立的所有附加資訊。

（2）點擊「附加連結」選項，在出現的自己建立的所有附加連結清單中
　　　找到要修改的附加連結，將滑鼠游標移至該附加連結上，會出現一
　　　個鉛筆圖示。點擊鉛筆圖示，即可對附加連結進行修改。所做的
　　　所有修改也會應用於共用此附加連結的所有廣告組、廣告系列或帳
　　　戶。在修改完成後，點擊「保存」按鈕。

（3）如果想要移除某一個附加連結，如圖 9-15 所示，選取該附加連結
　　　前的核取方塊，再點擊出現在其上方的「移除」選項，即可刪除該
　　　附加連結。

2. 附加宣傳資訊

使用附加宣傳資訊，可以在限定字數的廣告描述外增加一些廣告文字，以便展示相關產品或服務的更多詳細資訊。附加宣傳資訊只在搜尋廣告中展示，在電腦端的展示位置如圖 9-16 所示，即搜尋廣告描述後面的簡短文字。

Ad · https://www.hersheinbox.com/ ▾

Get upto 50% off on sundresses - Buy sun dress online in India

Choose from a wide range of **sun dresses online** in India and get offers only at **hersheinbox**. Buy from the collection of latest **Sun Dresses** for Women. Free Shipping Above 1500.

Halter Dresses · Bodycon Dresses · Ruched Dresses · Dresses · T-shirt Dresses

▲ 圖 9-16 附加宣傳資訊的展示位置

如圖 9-17 所示，可以在帳戶、廣告系列或廣告組等級增加附加宣傳資訊，還可以選擇增加位置、建立宣傳資訊文字，以及設定展示時間。宣傳資訊的順序、長度及效果都會影響其可以展示的數量，以及能否在廣告中進行展示。需要注意的是，較低等級的附加宣傳資訊始終優先於較高等級的，也就是說，如果你在帳戶和廣告系列中都增加了附加宣傳資訊，那麼在廣告中會優先展示廣告系列的。增加、修改、移除的操作步驟都與附加連結類似，這裡就不贅述了。

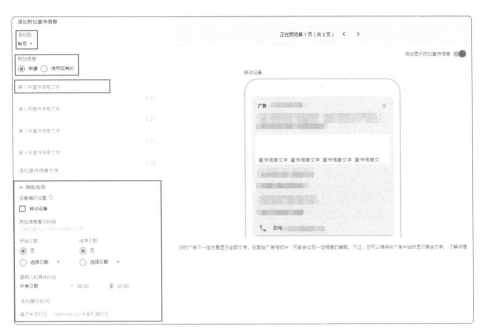

▲ 圖 9-17　增加附加宣傳資訊頁面

3. 附加結構化摘要資訊

附加結構化摘要資訊可以幫助客戶迅速獲取有關產品或服務的更多資訊，可以提高廣告的相關性和點擊率，從而提高投資報酬率。附加結構化摘要資訊會以標題（如品牌）和值列表（如小米、蘋果）的形式展示在搜尋廣告描述後面，如果與附加宣傳資訊同時展示，則展示在附加宣傳資訊後方。

如圖 9-18 所示，你可以在帳戶、廣告系列或廣告組等級增加附加結構化摘要資訊，還可以選擇增加位置，確定潛在客戶會覺得哪類資訊最有用，以及進行包含裝置偏好、展示時間的進階選項設定。你一定要根據產品或服務考慮，從預設的標題清單（如「產品」或「服務類別」）中選擇，然後增加具體明確、用於補充說明的詳細資訊作為值，標題和值的匹

配非常重要，如果不匹配，那麼這條附加資訊很可能不能通過平台的審核。標題的可選項目如圖 9-19 所示，有 13 個可選項目，包括品牌、型號、課程、服務等。你可以根據自身的產品或服務選擇合適的選項。

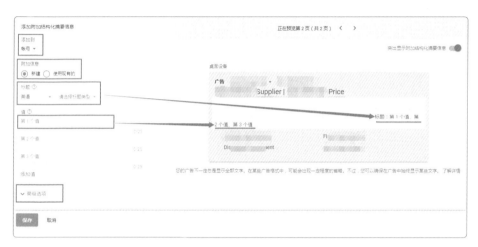

▲ 圖 9-18 增加附加結構化摘要資訊頁面

▲ 圖 9-19 標題的可選項目

4. 附加電話資訊

　　在廣告中增加電話號碼，會比較吸引客戶的注意力，但是在廣告的文字中是不允許增加電話號碼的。如果出現電話號碼，這條廣告就會被拒登。因此，如果你想要在你的廣告中出現電話號碼，就可以增加附加電話資訊。附加電話資訊只在搜尋廣告中展示。附加電話資訊出現在廣告的最上方，需要填寫的內容及出現的位置如圖 9-20 所示。如果你的英文口語不好，或不想被客戶打電話打擾，就可以忽略這個選項。附加電話資訊的展示時段可以在進階選項中設定。與廣告的其他附加資訊一樣，附加電話資訊也不會在每次廣告展示時都展示。

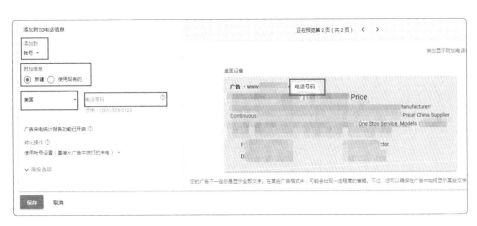

▲ 圖 9-20　增加附加電話資訊頁面

5. 附加潛在客戶表單

　　當客戶開啟附加潛在客戶表單後，可以直接在廣告中（不用存取網站）使用表單提交自己的聯絡資訊，例如電子郵寄地址、電話號碼，從而可以發掘潛在客戶。附加潛在客戶表單可以在搜尋廣告、視訊廣告、展示廣告、發現廣告中展示，能夠展示的前提條件是需要在 Google Ads 中的總支出超過 5 萬美金，否則你只能要求代理商幫助你申請（這時就

顯示出透過代理商開通廣告帳戶的好處了）。另外，附加潛在客戶表單僅可以在部分國家 / 地區投放。每個廣告系列只能增加一份附加潛在客戶表單。附加潛在客戶表單的展現形式如圖 9-21 所示。

▲ 圖 9-21 附加潛在客戶表單的展現形式

增加附加潛在客戶表單需要選擇、填寫的內容包括以下幾項（如圖 9-22 和圖 9-23 所示）。

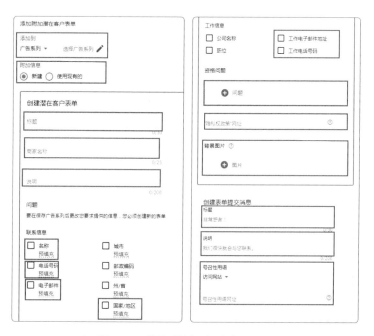

▲ 圖 9-22 增加潛在客戶表單頁面一

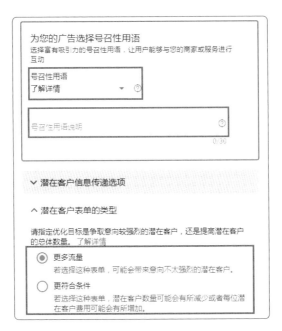

▲ 圖 9-23 增加潛在客戶表單頁面二

（1）選擇要增加的廣告系列。一個廣告系列只能有一個附加潛在客戶表單。

（2）填寫標題、商家名稱和說明。在「說明」文字標籤中填寫的內容是關於產品、服務、優勢等的資訊。

（3）選擇想要在附加潛在客戶表單中詢問的問題，選取所選問題前面的核取方塊即可，需要選擇至少一個選項才能繼續操作。建議選擇名稱、電話號碼、電子郵件、國家 / 地區，這些內容是可以透過抓取客戶以前在網路上填寫的內容而自動展示的。如果你的產品主要面對的是公司而非個人，那麼電子郵件和電話號碼這兩個選項可以換成工作電子郵件和工作電話號碼，這兩項需要客戶手動填寫。

（4）點擊「➕問題」按鈕，會出現很多關於產業的選項，如圖 9-24 所示。每一個產業下邊都會有對應的問題，可以選擇適合自己的。Shopify 商家可以選擇「一般」、「零售」選項，在選定之後，會出現如圖 9-25 所示的頁面，回答類型可以選擇選擇題或簡短回答。

▲ 圖 9-24　關於產業的選項

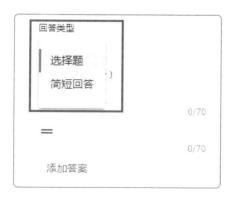

▲ 圖 9-25　回答類型選項

（5）增加有關你的隱私權政策的網址。這要求在 Shopify 網站上必須有一個關於隱私權政策的頁面，也就是 Privacy 頁面。圖 9-26 所示為蘋果公司的 Privacy 頁面。外國公司一般都會有 Privacy 頁面。你可以參考它們的內容，將其修改成適合自己的。

▲ 圖 9-26 蘋果公司的 Privacy 頁面

（6）（僅限搜尋廣告系列）點擊「➕圖片」按鈕，為附加潛在客戶表單增加背景圖片。背景圖片的長寬比必須為 1.91：1（建議使用 1200 像素 ×628 像素）。

（7）在「建立表單提交資訊」選區中填寫標題、說明、號召性用語，可以根據文字標籤中的建議填寫。

（8）為表單提交後展示的消息增加號召性用語。與廣告中的號召性用語不同，這種類型的號召性用語的到達頁面可以設定為具體的網址。

如果需要增加號召性用語來吸引客戶與廣告互動，那麼從下拉式功能表中選擇號召性用語的類型，並為號召性用語增加說明。

（9）如果想直接從自己的客戶關係管理（CRM）系統中接收潛在客戶資訊，那麼可以在潛在客戶資訊傳遞選項中增加網路「鉤子」資訊。

（10）選擇你的「潛在客戶表單的類型」選項，可以選擇更多流量或更符合條件。

需要注意的是，如果附加潛在客戶表單中需要自主填寫的內容過多，那麼客戶可能會覺得填寫內容過於麻煩，而選擇離開。附加潛在客戶表單中的客戶資訊只保存 30 天，記得要每天查看，即時回覆客戶。

移除和修改附加潛在客戶表單的操作可以參照前面移除和修改附加連結的操作。

6. 附加地址資訊和附加連結商戶地址資訊

附加地址資訊會在廣告中展示商家地址、前往營業地點的地圖或客戶與商家之間的距離。客戶可以點擊此附加資訊，前往營業地點資訊頁。該頁面匯集了最具相關性的所有商家資訊，諸如營業時間、電話號碼、照片和路線等資訊，類似於我們在美團、餓了麼上看見的商家資訊。附加地址資訊可以在搜尋廣告、展示廣告、視訊廣告、Google 地圖上展示，其主要作用是能夠增加實體店的客流量，融合線上廣告與線下銷售環節。有些地區的 Shopify 賣家用不到這個功能，我們就不再過多介紹。附加地址資訊的展現形式如圖 9-27 所示。

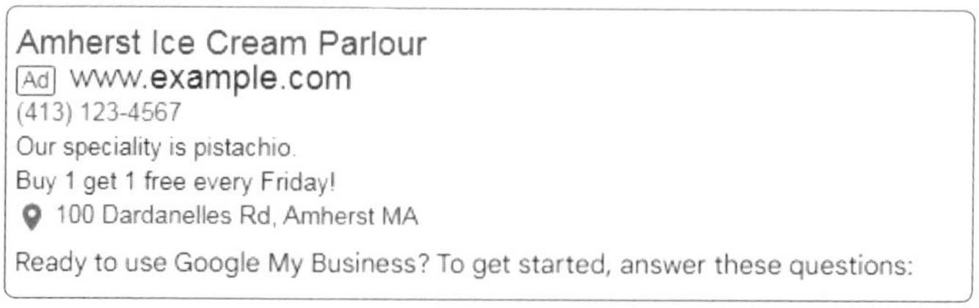

Amherst Ice Cream Parlour
[Ad] www.example.com
(413) 123-4567
Our speciality is pistachio.
Buy 1 get 1 free every Friday!
📍 100 Dardanelles Rd, Amherst MA
Ready to use Google My Business? To get started, answer these questions:

▲ 圖 9-27 附加地址資訊的展現形式

如果你有產品在零售連鎖店銷售，那麼附加連結商戶地址資訊可以幫助客戶查詢附近有銷售你的產品的商店。在搜尋廣告上的展示位置如圖 9-28 所示。增加這個附加資訊只需要 3 步，選擇「一般零售商」，再選擇「國家」，最後選擇該國家中銷售你的產品的連鎖店。對亞洲某些地區 Shopify 賣家來説，這個功能也用不到。

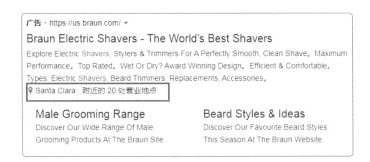

▲ 圖 9-28 附加連結商戶地址資訊的展示位置

7. 附加價格資訊

附加價格資訊會展示在搜尋廣告描述下方，在電腦端的展現形式如圖 9-29 所示，可以向客戶詳細地介紹商家提供的產品或服務，以及這些產品或服務的價格。附加價格資訊展示為一組最多 8 張的卡片，客戶可以查看到不同選項和價格。點擊價格選單上的具體產品，即可直接跳躍到網站上存取相關內容。

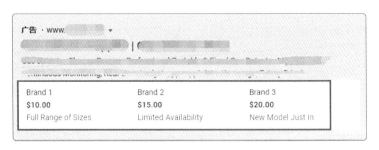

▲ 圖 9-29 附加價格資訊的展現形式

增加附加價格資訊需要填寫的內容有以下幾項（如圖 9-30 所示）。

▲ 圖 9-30 增加附加價格資訊頁面

（1）點擊「增加到」下拉式功能表，選擇要增加附加價格資訊的等級。

（2）輸入附加價格資訊的語言、類型、幣種和價格限定詞，點擊需要填寫的內容後，會出現下拉式功能表，根據你的實際情況進行選擇。

（3）給要宣傳的每種產品或服務填寫附加價格資訊項，包括標題、價格、說明和最終到達網址。在填寫完一個附加價格資訊項後，可以點擊鉛筆圖示，繼續增加附加價格資訊項，至少需要填寫 3 個附加價格資訊項。附加價格資訊項的每個標題和每條說明均可最多包含 25 個英文字元。

8. 附加應用資訊

附加應用資訊只能在行動端的搜尋廣告中展示，展示位置如圖 9-31 所示。在增加附加應用資訊前，你想要推廣的行動應用程式需要在 Google Play 或 Apple App Store 中發佈。

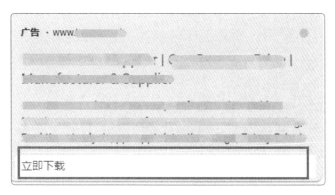

▲ 圖 9-31　附加應用資訊的展示位置

9. 附加促銷資訊

附加促銷資訊也只能在行動端的搜尋廣告中展示，展示位置如圖 9-32 所示。按照各項提示填寫即可，比較簡單。

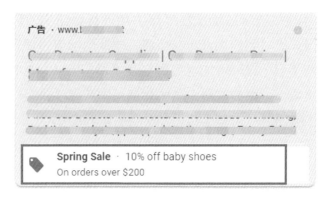

▲ 圖 9-32 附加促銷資訊的展示位置

9.2 購物廣告

9.2.1 購物廣告簡介

購物廣告的展現形式如圖 9-33 所示。客戶可以看到產品圖片、名稱、品牌、售價、優惠資訊、評價等內容。這些清楚的產品資訊可以將意向明確的客戶帶到你的商店。在設定購物廣告之前，你要註冊 Google Merchant Center（Google 商家中心）帳戶，將 Google Ads 帳戶與 Google Merchant Center 帳戶連結後，商店的產品資料就可以從 Google Merchant Center 帳戶傳遞到 Google Ads 帳戶以供廣告系列使用。你無須撰寫廣告，也不用選擇關鍵字，只需要在 Google Merchant Center 帳戶中上傳產品資料。購物廣告根據出價、連結度和歷史表現資料決定排名。購物廣告分為標準購物廣告和智慧購物廣告。

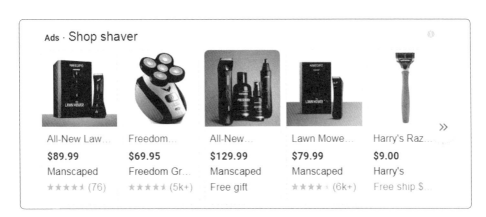

▲ 圖 9-33 購物廣告

9.2.2 標準購物廣告

1. 選擇廣告系列目標和廣告系列類型

需要設定的內容如圖 9-34 所示。首先，選擇廣告系列的目標。廣告系列的目標分為銷售、潛在客戶、網站流量、產品和品牌中意度、品牌認知度和覆蓋率、應用宣傳、本地實體店光顧和促銷等。把滑鼠游標指向每個目標均可顯示目標詳情，以及該目標適合的廣告系列類型。Shopify 賣家可以選擇「銷售」作為廣告系列目標，並選擇「購物」作為廣告系列類型。

然後，選擇已經連結的 Google Merchant Center 帳戶，並選擇在哪個國家／地區銷售產品，如圖 9-35 所示。需要注意的是，每個廣告系列只能設定一個目標銷售國家／地區，並且設定的目標銷售國家／地區在廣告系列製作完成後不可更改。

最後，選擇標準購物廣告系列。

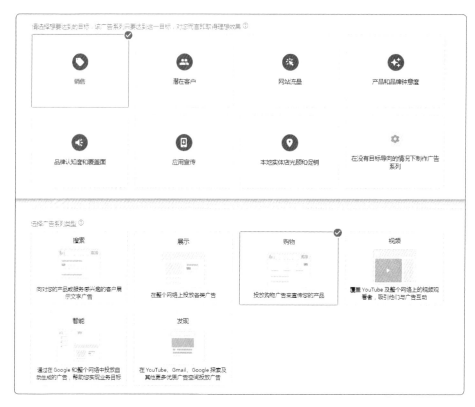

▲ 圖 9-34　標準購物廣告系列的目標和類型設定

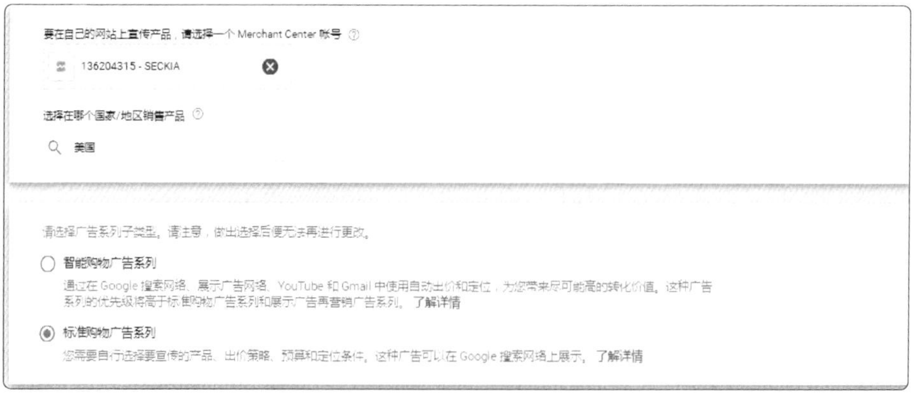

▲ 圖 9-35　選擇 Merchant Center 帳戶及廣告系列子類型

2. 一般設定、出價與預算

如果你有實體店，那麼可以選擇「實體店商品」，如圖 9-36 所示。非歐美國家的賣家可以忽略這個選項。

▲ 圖 9-36　標準購物廣告系列的一般設定、出價與預算設定

在「出價與預算」選區中可以選擇「目標廣告支出回報率」、「盡可能爭取更多點擊次數」，以及「每次點擊費用人工出價」選項。如果你的預算不足，那麼我們建議你選擇「每次點擊費用人工出價」選項。

3. 其他設定

其他設定如圖 9-37 所示。

▲ 圖 9-37　標準購物廣告系列的其他設定

（1）廣告系列優先順序。如果你只在一個廣告系列中宣傳某個產品，那麼無須更改此設定，只要保留預設設定（「低」）即可。如果你使用多個廣告系列宣傳同一個產品，不設定優先順序，那麼系統會優先投放出價較高的廣告系列。

（2）投放網路。可以都選擇，也可以只選擇搜尋網路。為了更清楚地知道各個通路的轉化成本，建議只選擇搜尋網路。

（3）裝置和地理位置。這兩項根據前面的設定填充內容，不需要改動。

最後，設定廣告組名稱和出價即可完成廣告系列的製作。

9.2.3 智慧購物廣告

智慧購物廣告系列會自動從 Google Merchant Center 帳戶中提取產品資料來製作專門為客戶設計的購物廣告。然後，該廣告系列會使用你選擇的出價策略，以智慧的方式將這些廣告放置在不同類型的 Google Ads 上，例如 YouTube、搜尋廣告。

智慧購物廣告系列和標準購物廣告系列的區別在於轉化目標、出價、產品、廣告專案的設定不同，如圖 9-38 ～圖 9-40 所示。

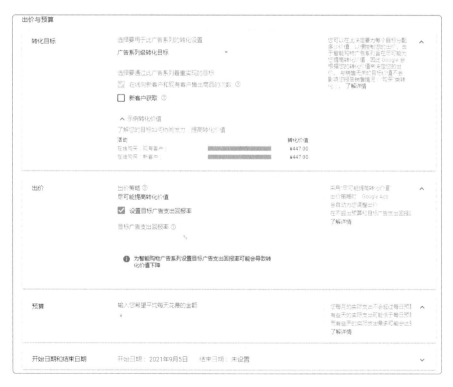

▲ 圖 9-38 智慧購物廣告系列的出價與預算設定

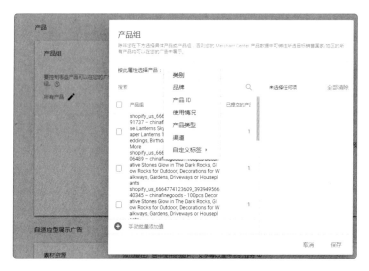

▲ 圖 9-39 智慧購物廣告系列的產品設定

▲ 圖 9-40 自我調整型展示廣告素材填充

　　智慧購物廣告系列只能採用盡可能提高轉化價值的出價策略。當在「轉化目標」選區中選取「新客戶獲取」核取方塊後，出價策略提供的出價可能會導致新客戶購買量有所增加。

　　如圖 9-39 所示，選擇想在廣告系列中宣傳的具體產品或產品組，可以根據品牌、產品 ID 等專案來選擇。如果你銷售的產品都是同一細分市場的產品，例如都是高爾夫手套，那麼可以選擇所有產品，否則建議指定產品，這樣帶來的客戶更精準，轉化效果更好。

　　然後，需要上傳 Logo、圖片、視訊等素材資源，編輯短標題、長標題、廣告內容描述，並增加最終到達網址。這些素材資源將用於製作自我調整型展示廣告，以在展示廣告網路和 YouTube 中展示。

　　點擊「保存」按鈕，即可完成廣告的製作。

✅ 9.3 搜尋廣告

9.3.1 搜尋廣告簡介

　　搜尋廣告是 Google 最重要的廣告類型，是在 Google 搜尋結果中投放的文字廣告。當客戶搜尋產品或服務時，如果你設定的關鍵字與客戶搜尋的關鍵字相匹配，那麼你的產品或服務便會展示在客戶面前，形式如圖 9-41 所示。廣告內容由關鍵字、標題、描述、最終到達網址、顯示路徑、附加資訊組成。如果你的產品銷售週期較長，那麼可以重點考慮這種廣告形式。搜尋廣告有兩種廣告形式：

① 自我調整搜尋廣告，是指可以自動根據具體的客戶靈活調整，從而向他們展示相關內容的廣告。

② 動態搜尋廣告，是指向搜尋相關內容的客戶展示根據網站裡的內容即時生成的廣告。

Ad · https://___.___.com/ ▾

Braun Electric Shavers - The World's Best Shavers

Explore Electric **Shavers**, Stylers & Trimmers For A Perfectly Smooth, Clean Shave. Wet Or Dry?
Top Rated. Maximum Performance. Award Winning Design. Efficient & Comfortable.
Male Grooming Range · Beard Styles & Ideas
📍 Santa Clara · 20 locations nearby

▲ 圖 9-41 搜尋廣告

9.3.2 自我調整搜尋廣告

在 Google Ads 首頁，點擊「所有廣告系列」選項，在新開啟的頁面中點擊「➕圖片」按鈕建立廣告系列，在第一次建立廣告系列時選擇新廣告系列。

1. 選擇廣告系列目標和廣告系列類型

需要設定的內容如圖 9-42 所示。Shopify 賣家可以選擇「銷售」作為廣告系列目標，並選擇「搜尋」作為廣告系列類型，透過「網站存取次數」達成目標，設定廣告系列名稱。

▲ 圖 9-42 自我調整搜尋廣告系列的目標和類型設定

2. 設定預算和出價

如圖 9-43 所示，設定預算和出價，可以根據自己的整體廣告預算設定該廣告系列的每日預算，前期可以設定較少的預算，例如 70 元 / 天，後期再根據實際情況增加。

▲ 圖 9-43 自我調整搜尋廣告系列的預算和出價設定

出價目標有很多選項，可以根據想實現的目標選擇對應的出價策略，如圖 9-44 所示。Shopify 賣家可以考慮轉化次數或轉化價值，也可以直接選擇出價策略，如圖 9-45 所示，出價策略分為自動出價策略和人工出價策略。

▲ 圖 9-44 希望實現的出價目標

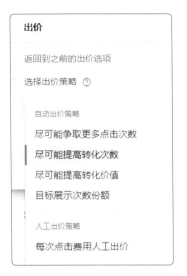

▲ 圖 9-45 出價策略

對於廣告輪播，建議選擇優先展示效果最佳的廣告。對於轉化次數，建議選擇使用帳戶級「納入到『轉化次數』列中」設定，如圖 9-46所示，這樣操作比較簡單。當然，也可以選擇「為此廣告系列選擇轉化操作」，如圖 9-47 所示。這就需要你在「工具與設定」→「衡量」→「轉化」中設定好需要的轉化操作。

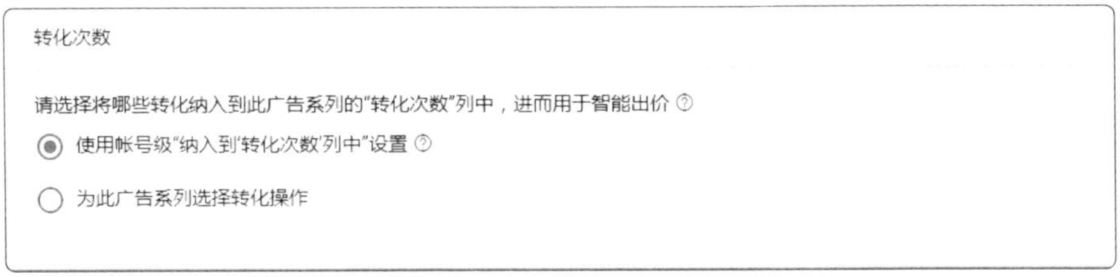

転化次数

请选择将哪些转化纳入到此广告系列的"转化次数"列中，进而用于智能出价 ⑦

◉ 使用帐号级"纳入到'转化次数'列中"设置 ⑦

○ 为此广告系列选择转化操作

▲ 圖 9-46 轉化次數可選擇的項目

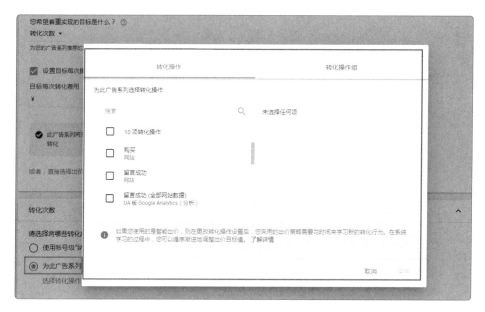

▲ 圖 9-47 選擇「為此廣告系列選擇轉化操作」頁面

3. 其他設定

需要設定的內容如圖 9-48 所示。

（1）投放網路。賣家可以選擇只投放到 Google 搜尋網路，可以選取「包括 Google 搜尋網路合作夥伴」核取方塊，還可以選取「包括 Google 展示廣告網路」核取方塊，不過，不建議選取「包括 Google 展示廣告網路」核取方塊，根據我們的經驗，效果不好，而且不便於評估效果，建議單獨設定展示廣告。

（2）地理位置。如圖 9-49 所示，賣家可以增加定位的地理位置和排除的地理位置，並且可以根據目標選擇位置或熱度，預設選擇為「位置或熱度」。

▲ 圖 9-48 自我調整搜尋廣告系列的其他設定

▲ 圖 9-49 地理位置設定

（3）語言。Google 能夠根據地理位置推薦語言。賣家可以根據自己的推廣目標來增加語言，除非專門針對某個語種設定的人群，否則建議選擇英文。

（4）細分受眾群。賣家可以選擇投放物件的產業或人群分類，比如投放育嬰用品的廣告，可以選擇如圖 9-50 所示的受眾特徵，從而觀察和調整出價。在設定好細分受眾群後，賣家可以在受眾群眾管理器中建立新的受眾群，以便製作新廣告系列的時候使用。這個選項主要用於展示廣告，對於搜尋廣告可以不用填寫。

▲ 圖 9-50 細分受眾群

（5）更多設定。賣家在「更多設定」選項中可以設定廣告的開始時間
和結束時間，以及每天的投放時段，還可以使用動態搜尋廣告讓
Google 自動索引並展示廣告頁面。

4. 關鍵字和廣告

需要設定的內容如圖 9-51 和圖 9-52 所示。

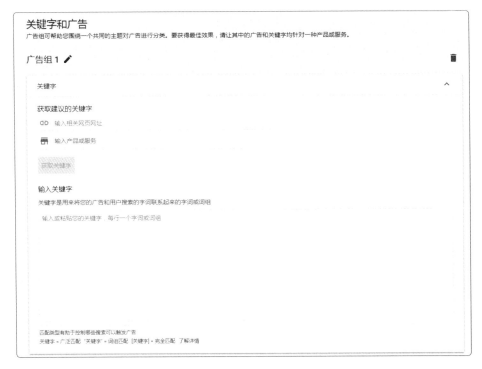

▲ 圖 9-51 關鍵字設定

▲ 圖 9-52 廣告設定

點擊「廣告組 1」後的鉛筆圖示,可以設定廣告組名稱。

　　Google 可以根據賣家的相關網頁和產品自動獲取關鍵字,也可以手動輸入關鍵字,在一行中輸入一個關鍵字,預設的關鍵字匹配類型為廣泛匹配,給關鍵字加雙引號表示片語匹配,給關鍵字加中括號表示完全匹配。

　　然後，設定廣告，這裡將是客戶搜尋關鍵字時所看到的內容，賣家需要設定的內容如圖 9-52 所示，包括以下幾項：

（1）最終到達網址。即客戶搜尋關鍵字並點擊廣告後到達的網址。這裡設定的網址應該與宣傳內容保持一致。如果你使用跨網域重新導向，那麼要在追蹤範本中輸入該重新導向。

（2）顯示路徑。這是出現在廣告第一行的網址。在預設情況下，廣告的文字中僅顯示主域名。舉例來説，如果最終到達網址是 "www.***.com/cushion"，那麼廣告中將顯示 "www.***.com"。每個「路徑」欄位最多可以包含 15 個字元。這裡可以不填寫內容，也可以填寫與你想要推廣的產品或服務相關的關鍵字。

（3）標題。賣家需要設定 3 ～ 15 個標題。每個標題不能超過 30 個字元。建議標題包含關鍵字、產品、服務、優勢、購買號召、促銷等內容。

（4）廣告內容描述。賣家需要設定 2 ～ 4 條廣告內容描述，可以根據 AIDMA 法則提煉廣告標題和內容。廣告內容描述顯示在顯示網址下方，最多可以包含 90 個字元。廣告內容描述及廣告中的其他組成部分（包括標題、顯示路徑、附加資訊）可能會因為潛在客戶所用裝置的不同而以不同的組合方式顯示。

（5）廣告網址選項。賣家可以設定追蹤範本，增加網址中的自訂參數來追蹤廣告。如果賣家有單獨的行動網站，那麼可以對行動裝置定義另外的網址。

　　在設定完成後，頁面右側將顯示廣告效力和提示。賣家可以根據提示完善廣告內容，如增加更多標題或讓標題和內容更獨特等。

最後，要增加附加資訊，這已經在前面的章節中講解過，既可以選擇使用帳戶等級的，也可以選擇使用廣告系列等級的附加資訊。在設定完成後，點擊「下一步」按鈕，新建的廣告系列就會進入審核狀態，在審核通過後，就完成了一個自我調整搜尋廣告系列的設定。

9.3.3 動態搜尋廣告

動態搜尋廣告根據網站內容來定位廣告。廣告的標題和到達頁面是使用你網站上的內容生成的，填補了採用關鍵字定位的廣告系列所未能覆蓋的缺口，非常適合網站內容完善或產品數量眾多的廣告客戶。動態搜尋廣告系列的設定和自我調整搜尋廣告系列的設定既有一樣的地方，也有不一樣的地方，一樣的地方在於選擇廣告系列目標和廣告系列類型、設定預算和出價，不一樣的地方在於其他設定。

如果在「更多設定」選區中對「動態搜尋廣告設定」選項進行編輯，那麼這個搜尋廣告就成了動態搜尋廣告，而非自我調整搜尋廣告。我們從這個部分開始講解。在如圖 9-53 所示的位置點擊「動態搜尋廣告設定」選項，會出現如圖 9-54 所示的頁面。輸入域名，選擇此廣告系列中動態搜尋廣告的語言，點擊「下一步」按鈕後會開啟關鍵字和廣告設定頁面，如圖 9-55 和圖 9-56 所示。

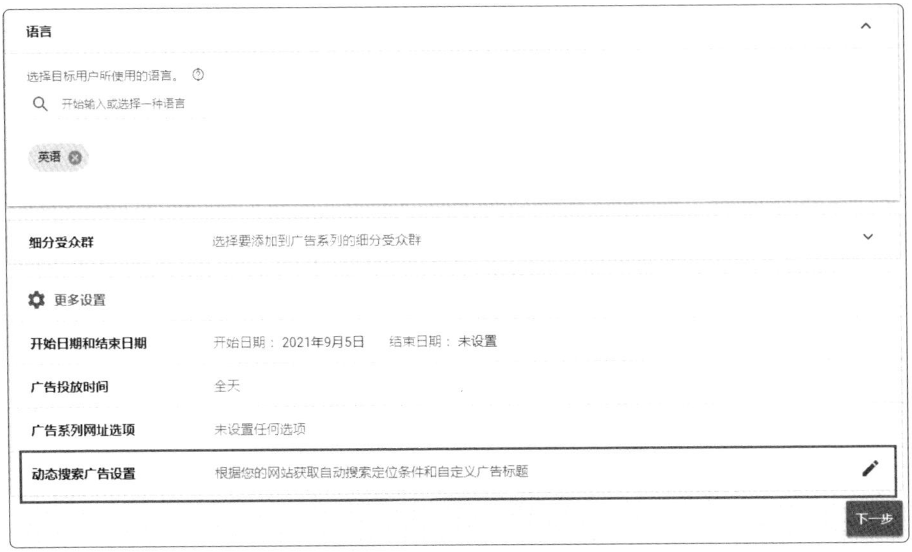

▲ 圖 9-53 動態搜尋廣告設定

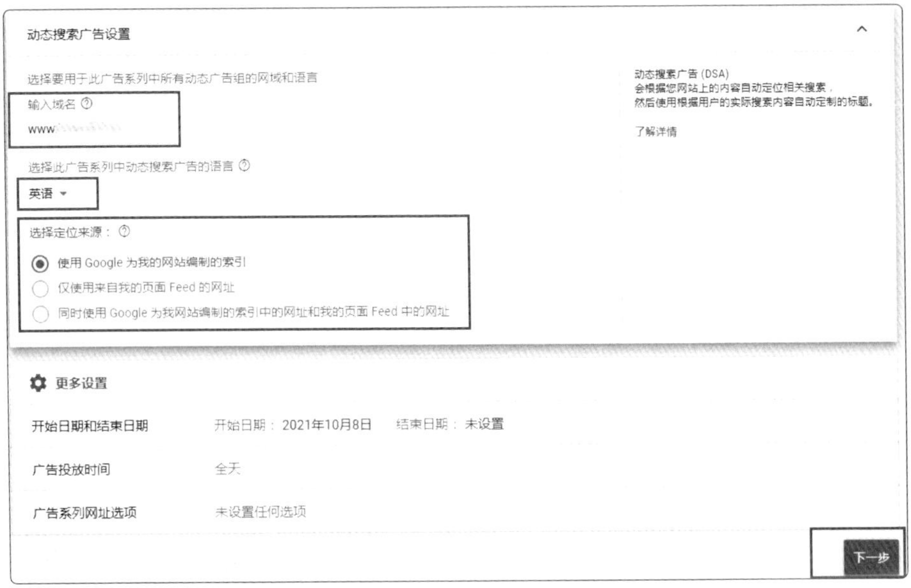

▲ 圖 9-54 動態搜尋廣告設定頁面

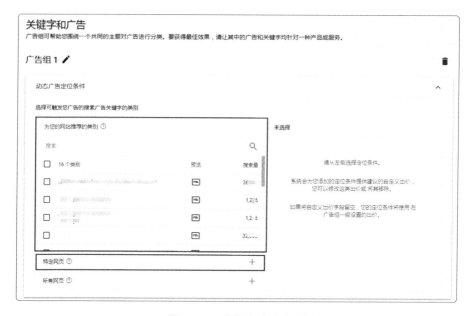

▲ 圖 9-55 動態廣告定位條件

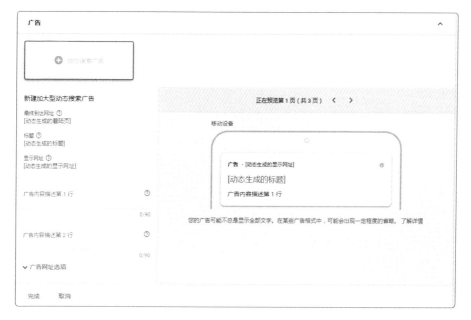

▲ 圖 9-56 廣告內容編輯頁面

對動態搜尋廣告來說，需要選擇動態廣告定位條件，也就是用於自動生成標題、最終到達網址和顯示網址的頁面。可以根據系統推薦選擇受眾，也可以在「特定網頁」中自己增加網頁。

然後，需要設定兩行廣告內容描述，再增加附加資訊即可完成動態搜尋廣告的設定。

9.4 展示廣告

9.4.1 展示廣告簡介

展示廣告是 Google 提供的在整個網路上投放各類廣告的推廣方式。Google 展示廣告具有龐大的覆蓋面，可在數百萬個網站和應用中展示你的廣告。你可以在展示廣告中使用再行銷廣告來再次吸引現有客戶和網羅新客戶。展示廣告由圖片、視訊、標題、描述組成。圖 9-57 是展現在一個網站上的展示廣告。展示廣告分為標準展示廣告和智慧型展示廣告。

▲ 圖 9-57 展示廣告

9.4.2 標準展示廣告

標準展示廣告系列的設定步驟如下。

1. 選擇廣告系列目標和廣告系列類型

如圖 9-58 所示，在第一次建立展示廣告系列時同樣需要選擇廣告系列目標。建議選擇「銷售」或「網站流量」作為廣告系列目標，選擇「展示」作為廣告系列類型，選取「標準展示廣告系列」選項按鈕，並編輯一個後期便於你區分的廣告系列名稱，廣告系列名稱可以是活動名稱、產品名稱等。

▲ 圖 9-58 標準展示廣告系列的目標和類型設定

2. 廣告系列設定

與搜尋廣告系列一樣，需要設定的內容包括以下幾項：

（1）地理位置。賣家可以設定廣告定位到的地理位置及排除的地理位置。

（2）語言。賣家可以設定廣告定位的目標客戶所使用的語言。

（3）更多設定，如圖 9-59 所示。更多設定包括廣告投放時間、裝置、排除內容等。賣家需要注意對廣告輪播、廣告投放時間、開始日期和結束日期、轉化次數的設定。

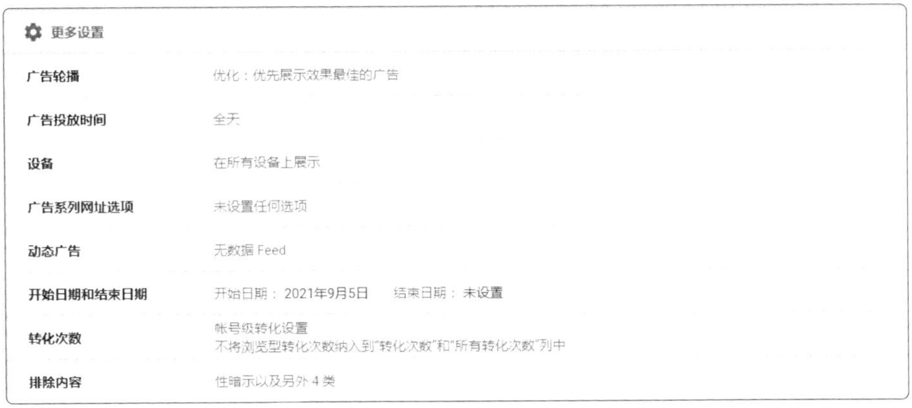

⚙ 更多设置	
广告轮播	优化：优先展示效果最佳的广告
广告投放时间	全天
设备	在所有设备上展示
广告系列网址选项	未设置任何选项
动态广告	无数据 Feed
开始日期和结束日期	开始日期：2021年9月5日　结束日期：未设置
转化次数	帐号级转化设置 不将浏览型转化次数纳入到"转化次数"和"所有转化次数"列中
排除内容	性暗示以及另外 4 类

▲ 圖 9-59　標準展示廣告系列的更多設定

3. 預算和出價

（1）預算。賣家可以設定廣告系列的平均每日預算。

（2）出價。賣家可以設定廣告系列的目標並根據目標設定每次轉化費用。

4. 定位

（1）細分受眾群。與搜尋廣告系列一致，賣家可以定位產業、愛好、興趣習慣等，如圖 9-60 所示。

▲ 圖 9-60　細分受眾群

（2）受眾特徵。賣家可以按年齡、性別、生育狀況、家庭收入來覆蓋客戶。

（3）擴大定位範圍。Google 可以自動根據定位的表現尋找更多類似受眾群眾來擴大廣告的覆蓋面，賣家只需要滑動定位點，即可預估比人工定位更多的展示次數，如圖 9-61 所示。

▲ 圖 9-61　擴大定位範圍

5. 廣告

廣告內容的製作如圖 9-62 所示。賣家需要增加的內容有以下幾項：
1 個最終到達網址、至少 2 張圖片、最多 5 個標題、1 個長標題、最多
5 項廣告內容描述、1 個商家名稱。為了達到更好的廣告展示效果，需
要盡可能地將內容填寫全，例如 Logo、視訊。與搜尋廣告不一樣的地方
是需要增加方形和水平的高品質圖片、Logo 及視訊。在編輯完廣告後，
頁面右側的廣告效力同樣會給予提示，可以按照提示進一步完善。

▲ 圖 9-62 標準展示廣告製作

　　在廣告素材增加完成後，頁面右側將顯示廣告在網站、應用、YouTube 等平台上的展示效果。賣家可以切換手機端和電腦端的展示效果，還可以切換圖片、文字等廣告格式查看效果，頁面右側也會顯示預估的展示次數和效果資料，如圖 9-63 所示。

▲ 圖 9-63　廣告預覽

　　點擊「下一步」按鈕，在開啟的新頁面中需要確認廣告系列摘要。賣家可以查看廣告系列設定、廣告組資訊及廣告內容，如圖 9-64 所示。

▲ 圖 9-64 標準展示廣告系列摘要

9.4.3 智慧型展示廣告

　　智慧型展示廣告系列的操作基本上和標準展示廣告系列一樣,區別在於出價、動態廣告、定位三項。

　　如圖 9-65 和圖 9-66 所示,智慧型展示廣告系列著重實現的目標只能是轉化次數和轉化價值,標準展示廣告系列多出了「可見展示次數」這一選項。分別點擊「直接選擇出價策略」選項,出現的可選項目也不一樣。標準展示廣告系列的出價策略可選項目更多。

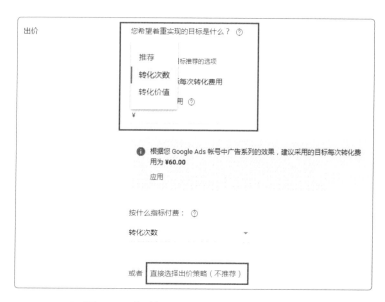

▲ 圖 9-65 智慧型展示廣告系列的出價設定

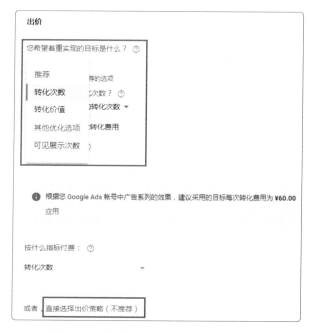

▲ 圖 9-66 標準展示廣告系列的出價設定

對於智慧型展示廣告系列，需要在「動態廣告」選區中選取「使用動態廣告 Feed 量身訂製個性化廣告」核取方塊，並且選擇業務類型，如圖 9-67 所示。Shopify 賣家可以選擇「零售」選項。標準展示廣告系列沒有這個選項。

▲ 圖 9-67　動態廣告

關於定位，如圖 9-68 所示，不需要對智慧型展示廣告系列操作，使用網站存取造訪者資料、到達頁面資料分析以及搜尋廣告系列的最佳效果關鍵字來自動定位網路上的客戶。對於標準展示廣告系列，需要自己選擇設定。

▲ 圖 9-68　智慧型展示廣告系列的定位

9.5 視訊廣告

視訊廣告可以在 YouTube 視訊及 Google 視訊合作夥伴的網站和應用中展示。我們都知道 YouTube 是全球最大的視訊平台,每月登入使用者超過 20 億人,擁有廣泛的客戶群眾。

9.5.1 以銷售、網站流量、潛在使用者為目標的視訊廣告系列

以銷售、網站流量、潛在使用者為目標的視訊廣告系列需要設定的內容基本一樣,廣告系列子類型都只有一個預設選項——「吸引使用者完成轉化」,因此把三者放到一節來講解。製作這類視訊廣告系列需要特別注意的內容如圖 9-69 所示。對於廣告組類型,可以選擇自我調整和標準廣告,但標準廣告即將停用,因此建議選擇自我調整。

對受眾,如果你的產品有明確的特徵,舉例來說,只有 20～50 歲的女性購買,就可以設定一下性別和年齡。

主題和展示位置如圖 9-70 和圖 9-71 所示。建議 Shopify 賣家根據展示位置選擇視訊廣告在哪裡展現,YouTube 頻道是一個很好的選項。

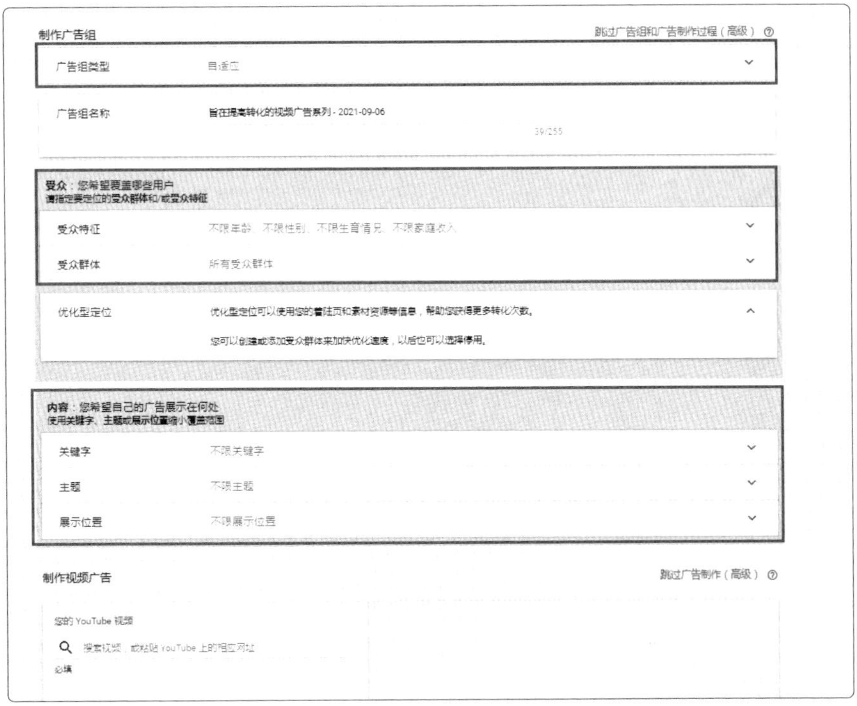

▲ 圖 9-69 以銷售為目標的視訊廣告系列設定

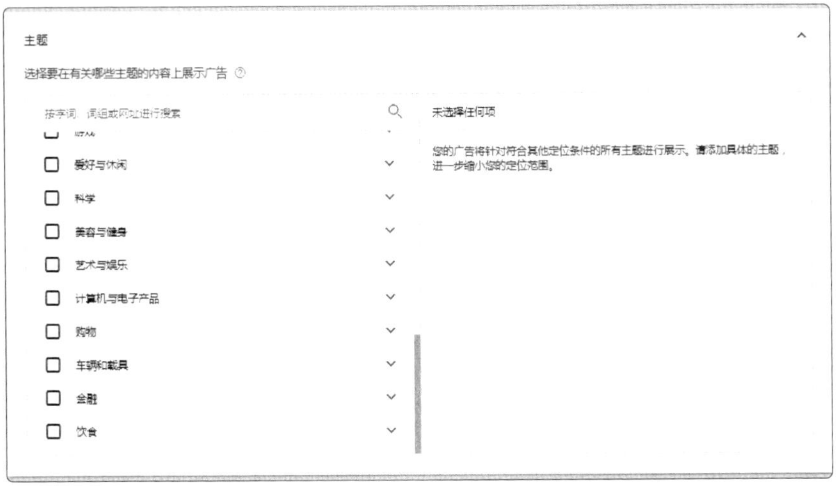

▲ 圖 9-70 主題設定

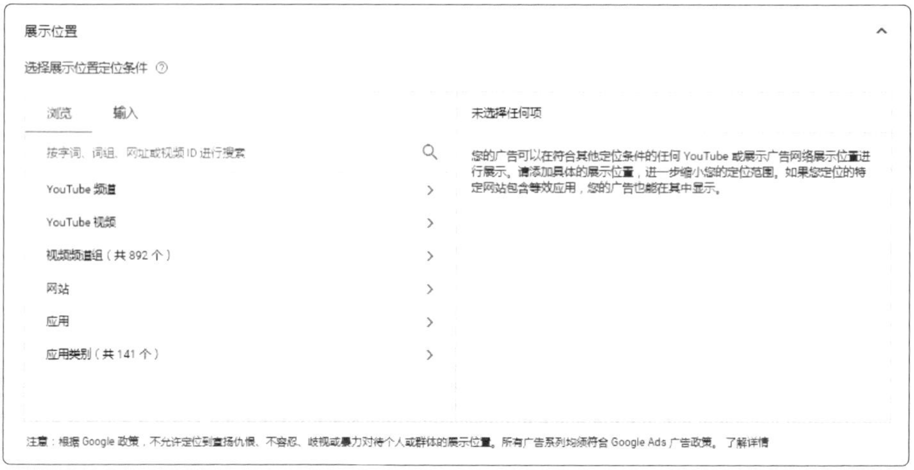

▲ 圖 9-71 展示位置設定

　　與以潛在使用者為目標的視訊廣告系列不同，以銷售和網站流量為目標的視訊廣告系列有一個特別的選項，如圖 9-72 所示，如果已經在 Google Merchant Center 中上傳了產品參數，那麼選取這一選項便可以在廣告中展示產品。

▲ 圖 9-72 產品 Feed 選項

9.5.2 以品牌和中意度為目標的視訊廣告系列

　　以品牌和中意度為目標的視訊廣告系列需要設定的內容如圖 9-73 所示。如果選擇不同的子類型，那麼後續需要填寫的內容也不一樣。

▲ 圖 9-73 選擇以品牌和中意度為目標的視訊廣告系列子類型

對於廣告系列子類型，建議選擇「購物」。如果你的產品比較相似，類型相同，那麼在「產品過濾條件」選區中可以選取「所有產品」選項按鈕；如果產品之間差別過大，面對的客戶群眾極不相同，那麼建議選取「特定產品」選項按鈕，如圖 9-74 所示。

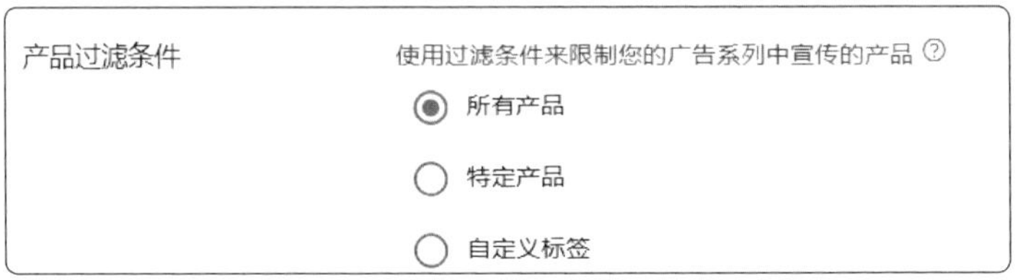

▲ 圖 9-74 產品過濾條件

9.5.3 以品牌認知度和覆蓋面為目標的視訊廣告系列

以品牌認知度和覆蓋面為目標的視訊廣告系列需要設定的內容如圖 9-75 所示。賣家可以根據自己的實際情況和每個選項下的簡短介紹或詳情自行選擇。

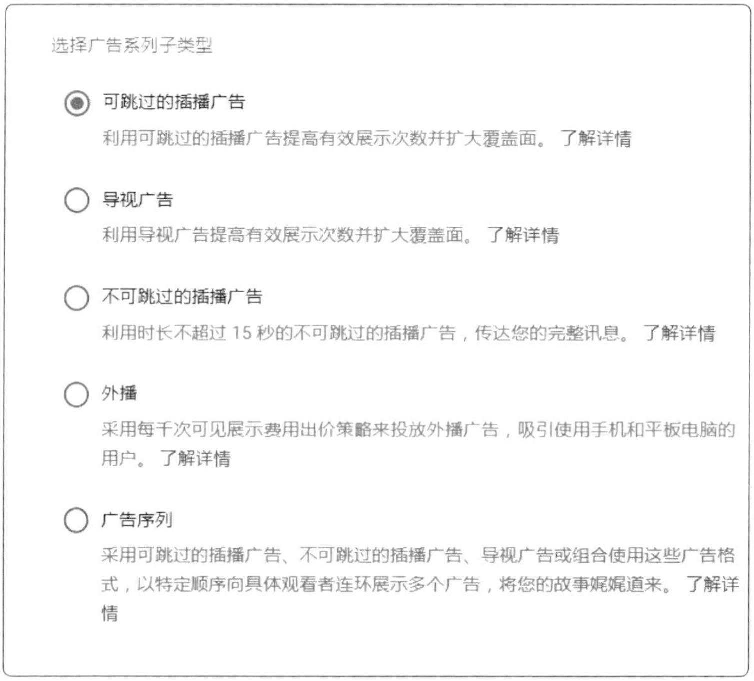

选择广告系列子类型

○ **可跳过的插播广告**
  利用可跳过的插播广告提高有效展示次数并扩大覆盖面。 了解详情

○ **导视广告**
  利用导视广告提高有效展示次数并扩大覆盖面。 了解详情

○ **不可跳过的插播广告**
  利用时长不超过 15 秒的不可跳过的插播广告，传达您的完整讯息。 了解详情

○ **外播**
  采用每千次可见展示费用出价策略来投放外播广告，吸引使用手机和平板电脑的用户。 了解详情

○ **广告序列**
  采用可跳过的插播广告、不可跳过的插播广告、导视广告或组合使用这些广告格式，以特定顺序向具体观看者连环展示多个广告，将您的故事娓娓道来。 了解详情

▲ 圖 9-75 選擇以品牌認知度和覆蓋面為目標的視訊廣告系列子類型

✓ 9.6 其他廣告形式

9.6.1 智慧廣告

　　智慧廣告的展現形式如圖 9-76 右側所示。賣家需要填寫 3 個標題和 2 行廣告內容描述。電話號碼為可選項目。對此類廣告來說，在建立廣告系列時，增加的關鍵字主題最好是一類產品，如果關鍵字主題的詞義相近，那麼便於吸引同一類型的客戶，如圖 9-77 所示。另外，在廣告製作成功後，不要忘記點擊圖 9-78 中的「修改」按鈕，並在跳躍的頁面中增加「否定關鍵字主題」。此類廣告系列不能控制單一關鍵字主題的點擊價格。有時候，一個關鍵字主題的點擊價格非常貴，因此不建議 Shopify 賣家採用這種廣告形式。

▲ 圖 9-76 智慧廣告製作頁面

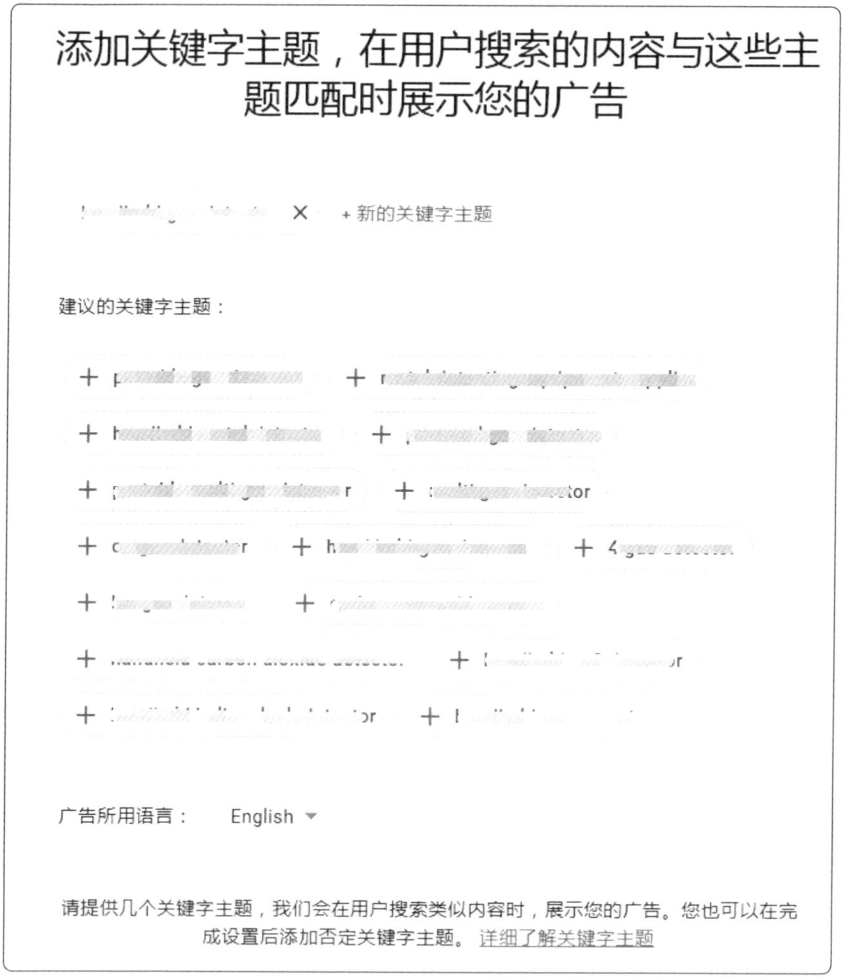

添加关键字主题，在用户搜索的内容与这些主
题匹配时展示您的广告

X + 新的关键字主题

建议的关键字主题：

+ p

+ r

+ h

+ p

+ r

+ s

or

+ c

+ h

+ 4

+ l

+ c

+ handheld carbon dioxide detector.

+ l

or

+ l

+ l

广告所用语言：   English ▾

请提供几个关键字主题，我们会在用户搜索类似内容时，展示您的广告。您也可以在完
成设置后添加否定关键字主题。详细了解关键字主题

▲ 圖 9-77 增加關鍵字主題

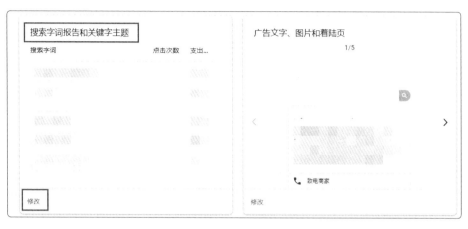

▲ 圖 9-78 增加否定關鍵字主題

9.6.2 發現廣告

發現廣告的作用是覆蓋更多的客戶群眾。

發現廣告系列比其他廣告系列特別的地方有以下 3 個。

（1）只能選擇轉化次數為目標，如圖 9-79 所示。

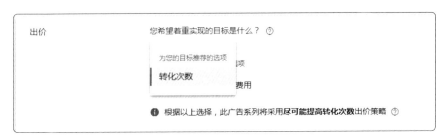

▲ 圖 9-79 發現廣告的出價設定

（2）對於受眾群眾，可以選擇「自訂受眾群眾」、「再行銷」、「興趣和詳細受眾特徵」選項，如圖 9-80 所示。

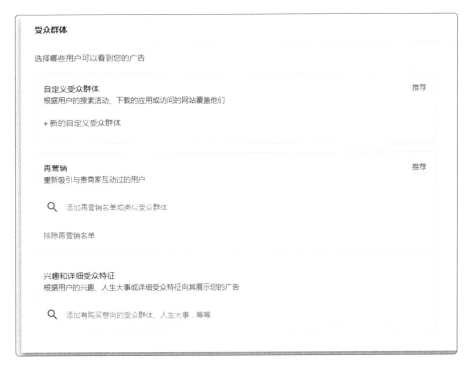

▲ 圖 9-80 受眾群眾設定

（3）發現廣告有兩種，如圖 9-81 所示。發現廣告的展現形式和展示廣告類似。

▲ 圖 9-81　發現廣告的展現形式

9.6.3　效果最大化廣告

效果最大化廣告就是 Performance Max，是一種新的基於目標的廣告，現在正在測試階段。賣家可以尋找代理商申請。它允許效果廣告客戶透過單一廣告系列存取帳戶中所有的 Google Ads 資源，主要用於補充基於關鍵字的搜尋廣告，幫助賣家在所有 Google 通路（YouTube、展示廣告、搜尋廣告、發現廣告、Gmail 電子郵件和地圖）中找到更多的轉化客戶。對該廣告系列來說，主要的操作是完善素材資源，如圖 9-82 所示，填寫的內容和展示廣告系列一樣。

▲ 圖 9-82 效果最大化廣告系列的素材資源群組設定

至此，目前 Google 所有的廣告類型都已經介紹完畢。建議 Shopify 賣家可以先從購物廣告、展示廣告開始，根據商店情況再採用搜尋廣告、視訊廣告進行產品的推廣。

Note

Note

Note

Note